当代

名家设计手绘赏析

北京方亮文化传播有限公司 编著

人民交通出版社
China Communications Press

identity, encourage architectural diversity
design of individual homes.

Traditional charcoal colored barrel tile, warm limestone, and mahogany woods define a relaxed elegant style. This is in deliberate contrast to the slick, chrome, grani and glass that dominates all new urban and institutional building in the region.

本书为年轻的建筑师和那些已经对画法几何有了基本了解并且希望在建筑艺术与绘画艺术上继续深造的建筑系学生提供了诸多可以学习与借鉴的素材。除此之外，本书也可作为建筑师、景观设计师及建筑装饰公司从业者的参考用书。

图书在版编目（CIP）数据

当代名家设计手绘赏析/北京方亮文化传播有限公司编著．
北京：人民交通出版社，2007.3
ISBN 978-7-114-06457-9

Ⅰ.名… Ⅱ. 北… Ⅲ .建筑艺术-绘画-世界-图集
Ⅳ.TU-88

中国版本图书馆CIP数据核字（2007） 第 037493 号

书　　名：当代名家设计手绘赏析
著 作 者：北京方亮文化传播有限公司
责任编辑：岳明胜
出版发行：人民交通出版社
地　　址：(100011) 北京市朝阳区安定门外外馆斜街3号
网　　址：http://www.ccpress.com.cn
销售电话：(010) 85285656，85285838，85285995
总 经 销：北京中交盛世书刊有限公司
经　　销：各地新华书店
印　　刷：北京方嘉彩色印刷有限责任公司
开　　本：889×1194　1/20
印　　张：10.5
字　　数：200千
版　　次：2007年4月 第1版
印　　次：2007年4月 第1次印刷
书　　号：ISBN 978-7-114-06457-9
定　　价：66.00元

编者按

本书为年轻的建筑师和那些已经对画法几何有了基本了解并且希望在建筑艺术与绘画艺术上继续深造的建筑系学生提供了诸多可以学习与借鉴的素材。除此之外，本书也可作为建筑师、景观设计师及建筑装饰公司从业者的参考用书。当然我希望这本书也能够吸引那些仅仅是对建筑画感兴趣，或者那些能够从中获得愉悦的非专业人群。

在向设计师约稿的过程中，他们不只一次地向我传达这样的认识：手绘图是设计师创作的起点。一个好的设计师必须具备一双灵巧的手，以便随时表达建筑的构思和设想。在设计过程中，手绘图是发展设计思维的最好工具，它可以形象地将思想中的符号呈现在纸上，也方便设计师从局部和整体的概念上来完善自己的设计方案。比电脑绘图更大的优势在于，设计师能当场几笔勾勒出一张准确表达双方灵感的草图，不仅展示了其作为设计师具备的某种高超的技能，也能从顾客那里建立威信并且得到职业的认可。

尽管建筑设计不是100%的艺术创作，但建筑设计中至少有50%的艺术含量。而审美素养、色彩感觉、艺术素养等对于提高一个设计师的水平显得非常重要。手绘图不但能提高设计师的建筑素养，而且也能提高他们的美学素养。正是基于这些认识，本书从约稿、组稿到评析始终把握着一点，就是如何让年轻的设计师、学生在形色各异的众名家作品中快速有效地提取设计表现思路，充分挖掘出属于自己的，最适合建筑的创意设计，同时也进一步提高自身的建筑与艺术修养。

为达到这一目标，本书以住宅、休闲娱乐建筑、商业建筑等建筑类型为区分，从景观、建筑、室内等方面多角度地剖析了众多优秀手绘图；并且对设计师提供的作品精挑细选，所有选用的案例都是近两年名家手绘设计作品中的精品，我们期望通过案例向读者展示建筑手绘图的画法，以及建筑手绘图的表现技巧。

在此，我要感激清华大学建筑学博士李华东、加拿大SL设计集团中国首席代表孙力扬、北京工业大学研究生高洁及诸位专家，他们对所选案例中手绘效果图的细部表达技巧进行了详实而独到的点评和剖析，使读者对手绘图纸的设计表达有了更为清晰的认识，同时也要感谢他们在本书观点的确立以及出版过程中所提供的大力帮助。

2007年2月

目 录

∷ 商业建筑

（酒店、商场、办公等）

∴ 住宅建筑

:: 休闲建筑

（公园、餐厅、高尔夫球场、度假村等）

:: 规划及其他

(城市规划、街区规划等)

y, encourage architectural diversity in the
of individual homes.

Clubhouse / Sales Center

aditional charcoal colored barrel tile, warm limestone,
d mahogany woods define a relaxed elegant style.
s is in deliberate contrast to the slick, chrome, granite
d glass that dominates all new urban and institutional
lding in the region.

:: 华南MALL

中心广场：绘制者变换另一种风格，突出重点而淡化周边元素。周围建筑的墙面作为背景，广场的焦点是巨大的石山和喷泉以及喷泉形成的水面，给人留下深刻的印象。

绘图工具：水彩

:: EDSA

:: EDSA

:: 华南MALL

典型的、传统的美式风格表现图。事无巨细均得到认真的刻画，画面饱满，色调浓丽，一如其设计的风格。

绘图工具：水彩

∷ 华南MALL

广场：对威尼斯圣马可广场建筑的忠实再现，并对其空间结构进行了重组，同时融入了其他的元素，如叹息桥等。绘制者精心表达了这些建筑的特质。
绘图工具：水彩

∷ EDSA

:: EDSA

:: 华南MALL

商业街：以细碎的笔触描绘建筑细腻的质感，如瓦屋顶和砖墙面；植物表达的手法也具有美国设计师特色；用色厚重，表达出商业步行街的基本构造。

绘图工具：水彩

商业空间

准确的透视、干脆利落的笔法、坚挺的线条将建筑的外部空间简洁、明快地勾画在读者面前。米黄色的底色又带来几分温暖和别样。

绘图工具：水彩

北京土人景观与建筑规划设计研究院
潘阳

:: 中国建筑设计研究院
环艺院景观所

崔恺 李力 朱燕辉 管婕娅 张明来 周彦

:: 大连软件园9号楼

六层平台：平台满铺卵石，好像沙滩；其上，红雪松木地板贯通整个平台，像船上的甲板，平坦地伸展。

绘图工具：彩色铅笔

∷ 大连软件园9号楼

一层马蹄石步道：台地遍植灌木，马蹄石的台阶或道路从台地中穿过。台地的另一侧是整齐种植的银杏树林。树林成三角形，将建筑与城市路分隔开。

绘图工具：彩色铅笔

∷ 中国建筑设计研究院
环艺院景观所
崔恺　李力　朱燕辉　管婕娅　张明来　周彦

:: 上海广亩景观设计咨询有限公司

:: 上海东湖临港大酒店

别墅位于森林之中，建筑的色调与周围的景物既对比又协调。绘制者重点表达了树木与别墅的关系，以及别墅周围的绿化。

绘图工具：马克笔

∷ 上海东湖临港大酒店

庭院一角：建筑的拱廊是景观设计的背景，独植的乔木占据庭院的转角，周围辅以灌木和两棵细长的棕榈树，景观设计与建筑融为一体。

绘图工具：马克笔

∷ 上海广亩景观设计咨询有限公司

:: 陈世民

:: 深圳发展银行大厦

作者寥寥几笔的铅笔草图就将双方讨论确定的构思表达得一清二楚。草图表达清晰，重点突出，浓淡分明，落笔有物，干脆利落，显示出作者深厚、娴熟的建筑表现功底。

绘图工具：铅笔

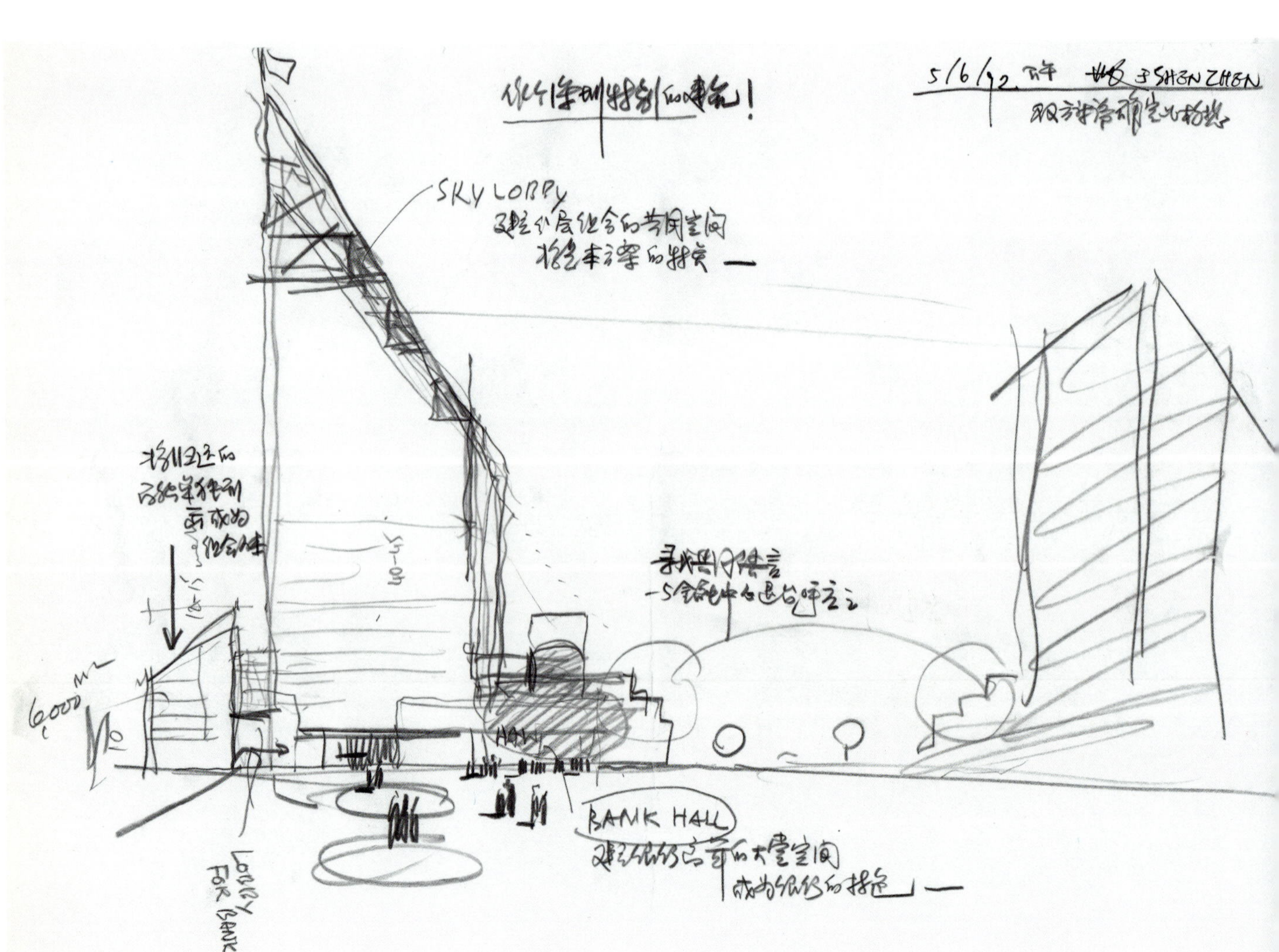

∷ 商业建筑及内庭

采用轴线图能够有效地控制空间的结构形态

绘图工具：水彩

∷ 陈跃中

:: 陈跃中

:: **旅游商业区**

纯熟的笔法以及绿色、蓝色的基调富于浪漫的阳光气息，同时画面中休息平台、泳池种植等，相互关系非常顺畅。

绘图工具：水彩

:: 山西国贸中心

国贸会所：天花的处理是设计的重点。有机排列的采光天棚成为会所最突出的装饰元素。

绘图工具：针管笔、彩色铅笔

:: 北京辛迪森建筑装饰工程设计有限公司

李劲

:: 北京辛迪森建筑装饰工程设计有限公司
李劲

:: 山西国贸中心

大堂：严谨的透视图。在单色的纸面上纯粹以铅笔渲染出大厅的立柱、台阶、天花、地面，整个大厅的庄重和伟岸得到较好的展现。

绘图工具：色纸、彩色铅笔、速写笔

:: 马丽雯

:: **商场室内设计**

如今越来越难以在商场设计中表达出个性。设计者从中国传统帷幔中抽取出的符号成为设计的亮点，因而也得到了最突出的表现。

绘图工具：水彩

:: 广西东盟博览会接待酒店

会议宴会中心大堂：复杂的各种元素被表现得井井有条。

绘图工具：彩色铅笔

:: 魏雪松

018

:: 杨彬

:: 办公室室内设计

办公室一角：色彩淡雅而元素丰富的设计。在统一的色调中，特别处理的蓝色玻璃和红色的休息区墙面，尤其是深黑的色带，迅速勾勒出空间的视觉焦点所在。

绘图工具：马克笔、彩色铅笔

∷ 办公室办公前台

接待区是企业形象的重要象征，深色的木质背景墙前几何构图的白色墙体在沉稳中挑出轻快明朗的气息，接待桌因功能的需要而形体活泼，共同烘托出接待空间的气氛。

绘图工具：马克笔、彩色铅笔

∷ 杨彬

...al community buildings. From this core ...y, encourage architectural diversity in the ...of individual homes.

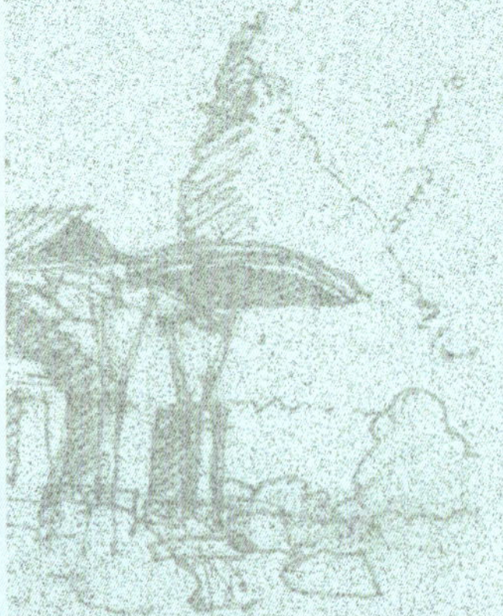

Clubhouse / Sales Center

...ditional charcoal colored barrel tile, warm limestone, ...mahogany woods define a relaxed elegant style. ...s is in deliberate contrast to the slick, chrome, granite ...glass that dominates all new urban and institutional ...ding in the region.

:: 长沙天健

集商业及休闲为一体的城市公共开放空间，人性化的设计，考虑各空间的连接与机能性，同时保留原地块的一些景观元素，给人留下一些历史的片断记忆，再利用声光背投等高科技设备及浓烈的小品造型，创造出与建筑相投相映生辉的形象。 绘图工具：水彩

:: 爱普斯顿国际

:: 爱普斯顿国际

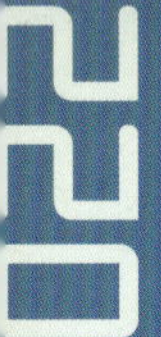

:: 长沙天健

运用现代造园手法及材料给人新颖、前卫、时尚的感觉，从而打造出社区的品牌形象。

绘图工具：水彩、彩色铅笔

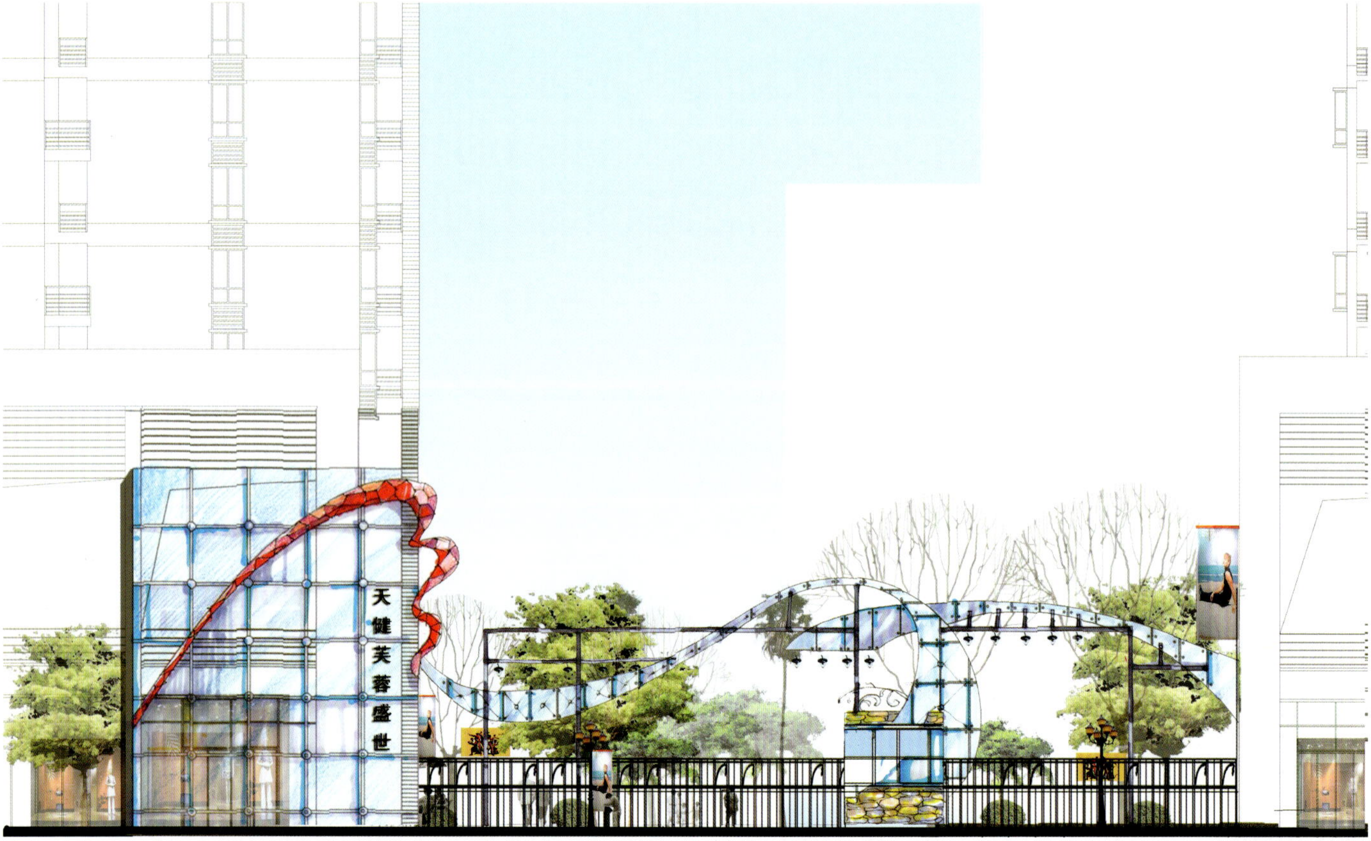

:: 长沙天健

住宅部分通过绿化、小品、水系和康体设施等使得在满足日常生活的同时营造一个温馨动人的生活场景，更深层次营造小区文化内涵及品牌形象。

绘图工具：水彩

:: 爱普斯顿国际

:: 山东齐鲁洞桥

创造可以延续的景观，人文环境加强整体景观的印象性和艺术性，抛开一味的“大尺度”枷锁，使空间得以呼吸。

绘图工具：马克笔

∷ 山东齐鲁涧桥

景观和休闲功能多层次，分陆地（平台）、园林植物（多季相）、水体（跌水、喷泉），使景观的公共和私密空间得以合理的划分。住宅与商业得到和谐的统一。

绘图工具：马克笔、彩色铅笔

∷ 爱普斯顿国际

帕德伍德大道剖立面　THE ELEVATION/SECTION OF PARTWOOD

帕特伍德大道节点立面　THE ELEVATION OF POINT IN PARTWOOD

:: 山东齐鲁涧桥

景观和休闲功能多层次，分陆地（平台）、园林植物（多季相）、水体（跌水、喷泉），使景观的公共和私密空间得以合理的划分。

绘图工具：马克笔、彩色铅笔

∷ 山东齐鲁涧桥

用当地资源在水系的表达上以自然、生动、亲和为主。结合地形塑造出亦动亦静的水景作为人群活动的空间，合适的交流平台以及良好的景观效果是邻里活动的主要空间。

绘图工具：马克笔

∷ 爱普斯顿国际

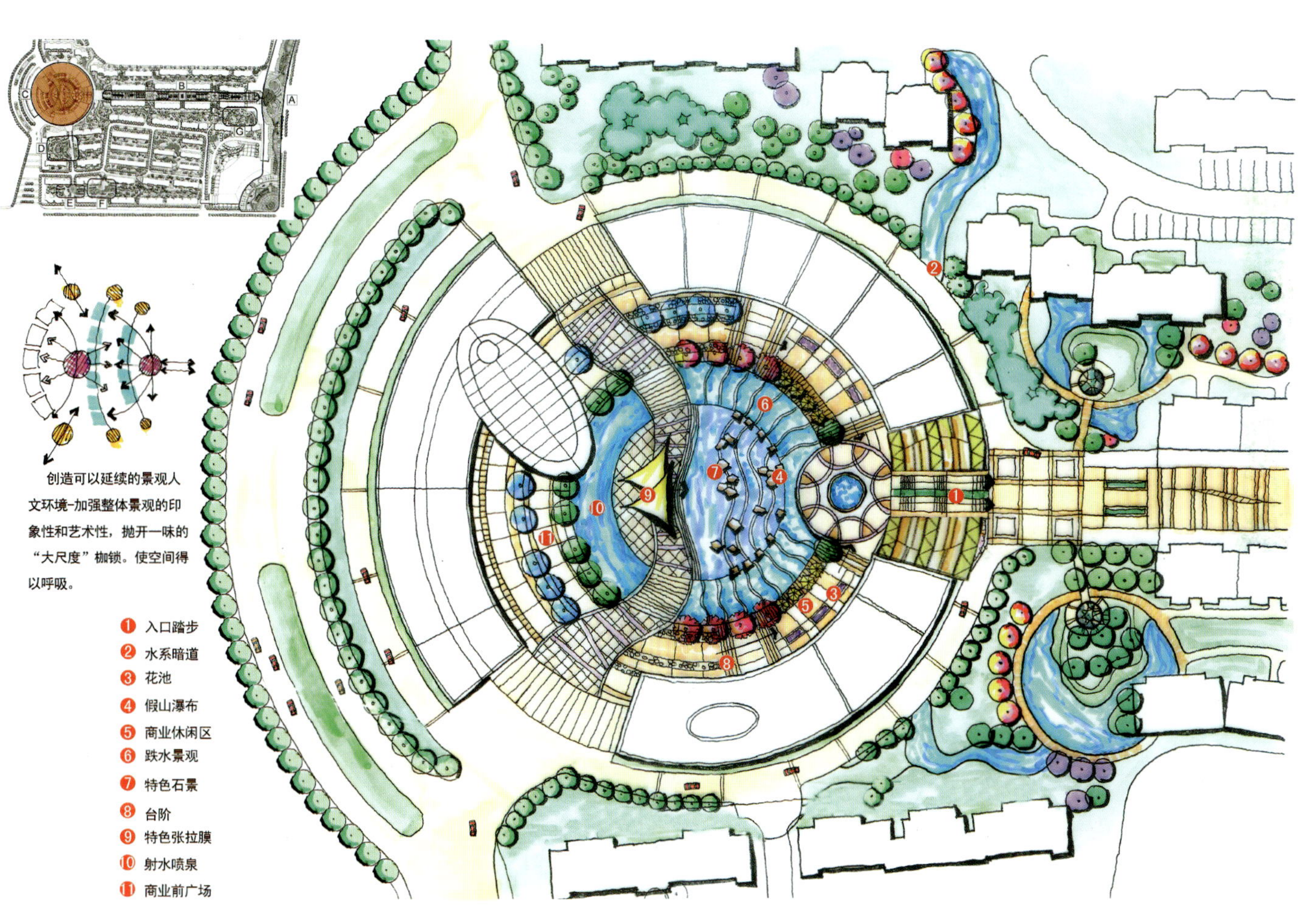

:: 山东齐鲁涧桥

本着建设生态景观社区的理念，利用植物的科学分布原理，精心选择丰富多彩的景观植物，丰富季相变化为住户增添浓醇的生活意趣。

绘图工具：彩色铅笔、马克笔

彭希尔花园局部剖面
PENSEAL PARK SECTION

布伦汉姆广场局部剖面
BURLENHAM SQUARE SECTION

:: 山东齐鲁涧桥

设计的目的就在于营造宽松、舒适、自然、现代和国际化的绿化人文社区，以及努力挖掘现有的地理优势，从经济适用合理得体出发，体现创新的设计理念。

绘图工具：马克笔

:: 爱普斯顿国际

∷ 深圳风和日丽

通过绿色来表达景观的感受，中间穿插着步行小径供人行走至林中，有步入仙境的感觉，商业休闲广场上布置树阵，点缀特色的桌椅，供人在购物疲劳后的休息之用，其间布置特色雕塑小品、庭院灯以反映其气氛。

绘图工具：彩色铅笔

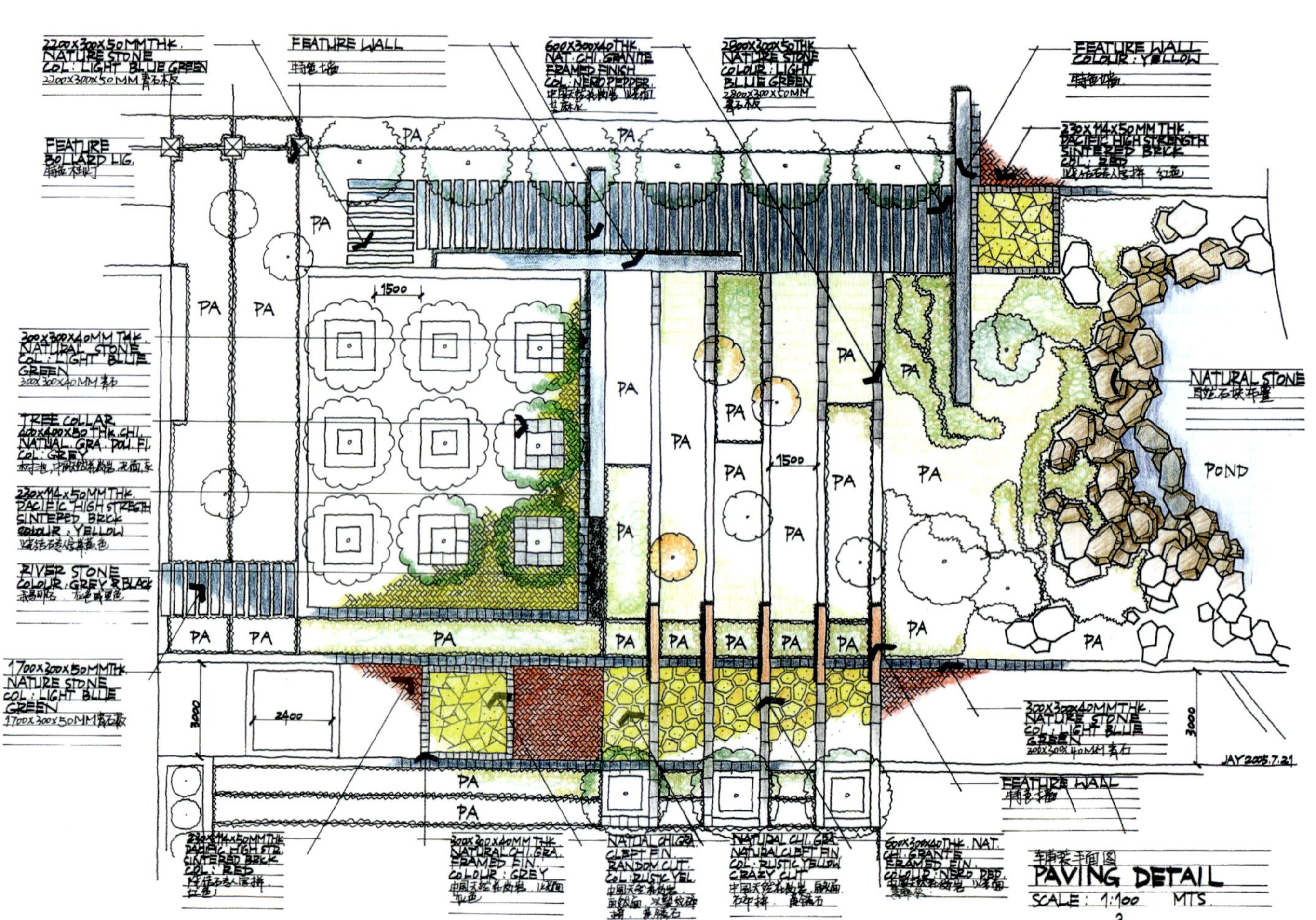

∷ 深圳风和日丽

运用景观设计的基本元素，在充分把握场地精神与文脉的基础之上，注重景观形态对人的心理感受的影响，从整体设计的基础上，将方案各个部分融合在一起。

绘图工具：彩色铅笔

∷ 爱普斯顿国际

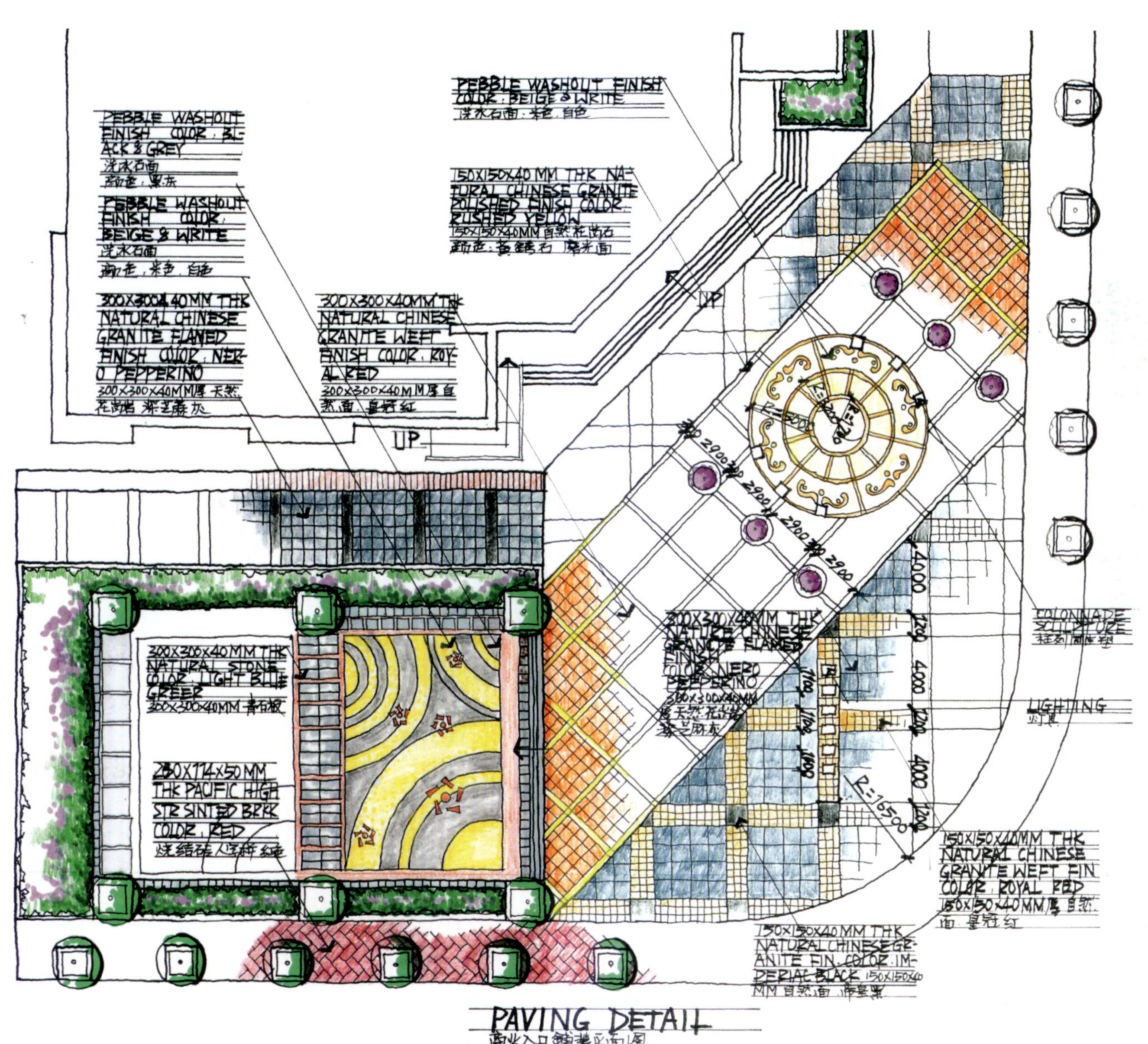

:: 美国ELAD设计公司
童 群　田儒　Mike Bill

:: 润千秋佳苑

入口水池：主入口景观轴线的对景景观，是由水池、喷泉、矮墙、雕塑、植物及竖向地形变化等多项园林要素组成的。给人宁静、安详的休闲氛围。

绘图工具：马克笔

∷ 润千秋佳苑

画面下方留白将读者的视线引向画面的中心。加强了主题和透视感的同时，丰富了画面的层次。

绘图工具：彩色铅笔

∷ 美国ELAD设计公司

童 群　田儒　Mike Bill

:: 美国ELAD设计公司

童 群　田儒　Mike Bill

:: 润千秋佳苑

硬线条加上柔和的颜色，表现花草树木的娴熟笔触创造出一个和谐恬静的室外空间。

绘图工具：彩色铅笔

∷ 润千秋佳苑

借助随意豁达的淡彩表现手法，利用丰富的景观构成元素来表现一个室外休闲空间。

绘图工具：彩色铅笔

∷ 美国ELAD设计公司

童群　田儒　Mike Bill

∷ 美国ELAD设计公司
童群　Jenny Tan

∷ 枫桥别墅

以自然式的草坡、水体、山石、雕塑、植物为主，营造具有生态、人文、艺术、休闲意境的居住景观环境。利用植物、水体划分出的空间场地隔而不断、相映相借，兼具美学意境空间与些许禅意的中国传统哲学意境空间。

绘图工具：马克笔、彩色铅笔

百旺新城

townhouse居住区：一个亲切怡人、温馨的人居环境，植物配置应季相变化明显，注意常绿、落叶树种的搭配，实现四季常绿、三季有花、不同季节不同景观观赏点。

绘图工具：彩色铅笔

美国ELAD设计公司

童群　Tom Miller

:: 美国ELAD设计公司

童 群　Tom Miller

:: 百旺新城

植物的恰当运用，能创造出一种富有节奏的韵律，使人们的视线随之跌宕起伏，创造出自然的、富有生机的植物景观。

绘图工具：马克笔

∷ 百旺新城

选择透视感极强的曲线道路和水景为视觉对象，运用铅笔淡彩的技法勾画出小区内部湖水清清、林荫翳翳的宜人生活场景。

绘图工具：彩色铅笔

∷ 美国ELAD设计公司

童 群　Tom Miller

:: 美国XWHO设计公司

:: **上海昆山檀香园花园别墅**

东南区溪流林下平台：环境设计运用传统与现代相结合的语言和设计手法，汲取中国园林之精华和西班牙文化之精髓，通过空间的渗透、地形的塑造、水系的梳理、植被群落的组合等手法，营建出极具地中海风情的栖居环境。　绘图工具：水彩

:: 上海昆山檀香园花园别墅

斗牛角：建筑掩映在树荫中则是本方案的另一个特色，树梢间露出的红屋顶，粉墙前搭配的花灌木，窗下时而飘来的幽香，异国情调的花架上缠绕的葡萄藤；水边参差的鸢尾和蒲草……，社区里处处精心设计，却不留人工雕琢之痕，家是被轻轻地放在大自然中。　绘图工具：马克笔

:: 美国XWHO设计公司

:: **东山墅**

精致可爱的工程图纸。

绘图工具：水彩、彩色铅笔

∷ 东山墅

在这幅极富装饰性和欣赏价值的表现图里，运用阴影的表现效果强调了别墅建筑的层次感和立体感，柔和的外墙色给人以“家”的感受。

绘图工具：水彩

∷ 美国道林建筑与规划设计公司

:: 美国道林建筑与规划设计公司

:: 东山墅

家庭室：成熟的设计过程图，也具有颇高的欣赏价值，可以看出设计发展衍化的过程和设计师的设计要旨。比起精心修饰的完成图来，这类手绘图另有一番趣味。

绘图工具：水彩

∷ 东山墅

西式厨房：设计过程中各种求准的线条和带有渲染性质的家具表现，共同形成设计手绘图独特的风格和韵味。

绘图工具：水彩

∷ 美国道林建筑与规划设计公司

:: 美国道林建筑与规划设计公司

:: **四川成都麓山国际社区**

写意的手绘透视图，配以严谨的建筑立面图以及字体优美的文字签注，共同构成具有欣赏价值的设计图纸。

绘图工具：针管笔、彩色铅笔

COMMUNITY DEVELOPMENT PRINCIPLE : Create a core architectural identity that carries through all community buildings. From this core identity, encourage architectural diversity in the design of iindividual homes.

Clubhouse / Sales Center

The community's core architectural identity incorporates western and asian influences and is rooted in local rural tradition.

Golf Teaching Center

Traditional charcoal colored barrel tile, warm limestone, and mahogany woods define a relaxed elegant style. This is in deliberate contrast to the slick, chrome, granite and glass that dominates all new urban and institutional building in the region.

Community Gatehouse

Luxury Villa Streetscape

∷ 四川成都麓山国际社区

用水彩表现的大范围社区鸟瞰图，也是程式化的表现方式。如同中国的传统书法，灰色的字块和彩色的表现图配合无间，提高了设计图的审美价值。

绘图工具：水彩

COMMUNITY DEVELOPMENT PRINCIPLE : Tie community commerce with the creation of a Town Center and community gathering place.

Communities need a single place that is recognized as the heart. The place to go, for commerce, for social interaction, for community events, for news, and for the simple connection to, and identification with a place.

From the crest of a saddle between two hillocks a strong axial view is framed by split crescent shaped roads lined with shops and restaurants.

Aerial view of Town Center

In between these crescents is the town center.A landscaped and waterscaped park area that enjoys: food service from flanking restaurants, tea and majong table setups, strolling paths, and a gentle downslope axial view to lakes and golf beyond.

:: 奥斯本环境设计有限公司

:: **南昌香溢花城**

商业区：纤弱的线条配以层次变换多姿的色块，展现出商业街道休憩空间的家具布置和休闲气息。

绘图工具：马克笔、水彩

:: **南昌香溢花城**

商业区水轴局部放大平面：非常详尽的细部设计。探讨了以毛石饰面的跌落水池的各种做法。

绘图工具：马克笔、水彩

:: 奥斯本环境设计有限公司

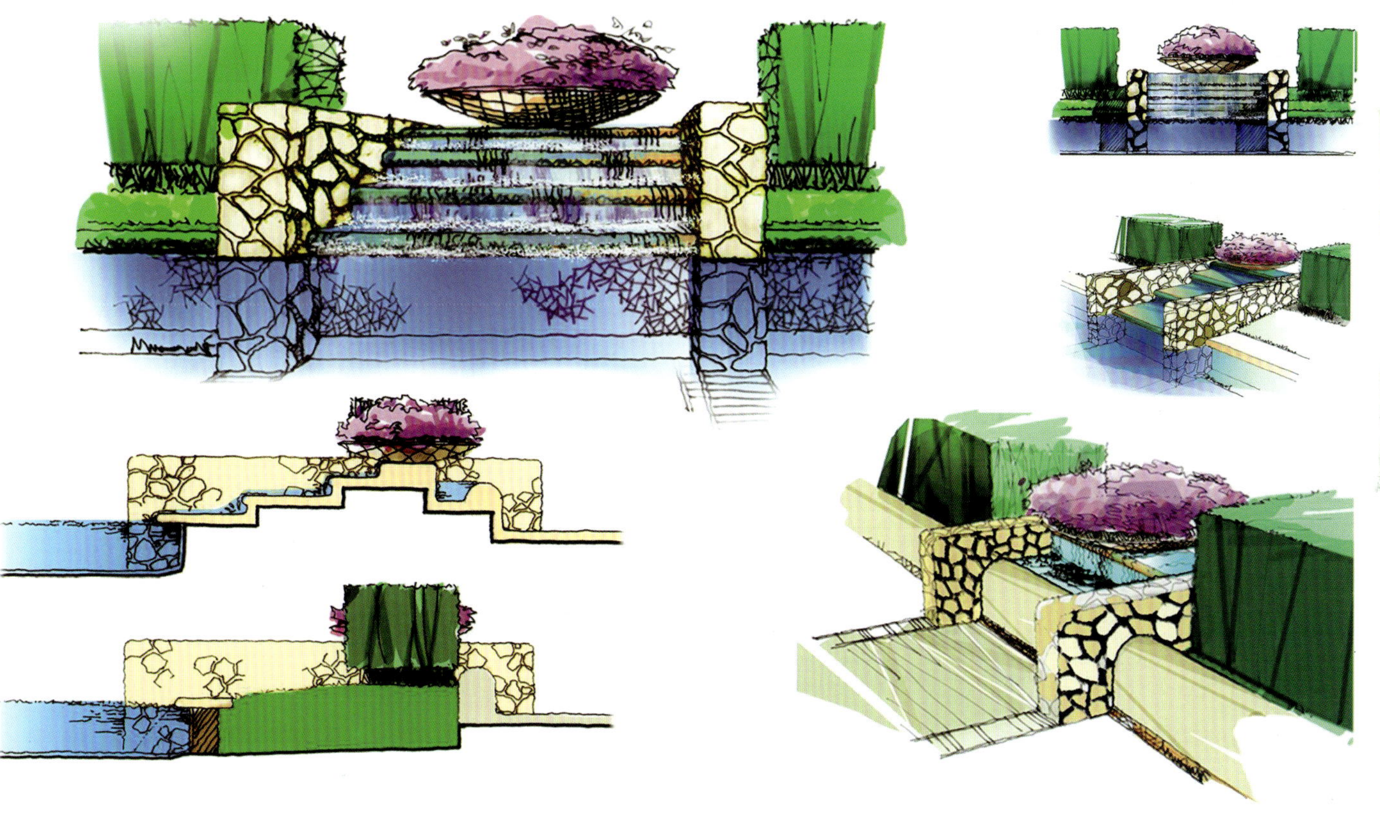

:: 奥斯本环境设计有限公司

:: **南昌香溢花城**

开盘区：入口的小品设置使得不大的场地体现出丰富的细节，扩大了空间的深度，营造出雍容华贵的入口效果。

绘图工具：马克笔、彩色铅笔

∷ 南昌香溢花城

商业区：用浓艳的色彩表现社区公共领域丰富多彩的建筑和景观要素。画面构图端正，透视感强。

绘图工具：水彩

∷ 奥斯本环境设计有限公司

:: 奥斯本环境设计有限公司

:: **南昌香溢花城**

商业区：马克笔表现的水体光影生动，用笔不多但效果良好。三角的断墙分隔了空间，增加了场地的层次。

绘图工具：水彩、马克笔

∷ 南昌香溢花城

花溪木栈道：以拱廊作为景框，框外是繁密的植被和曲折幽深的散步小径。手绘图很好地表现出了这种悠闲舒适的情调。

绘图工具：水彩、彩色铅笔

∷ 奥斯本环境设计有限公司

:: **武汉当代国际花园**

主入口：设计思想为“融入自然的都市生活”，意在创造具有城市文化和精神自由的、开发的、生态的、恬静的生活空间。

绘图工具：彩色铅笔、水彩

∷ 武汉当代国际花园

次入口：以硬质景观的艺术化提炼、软质景观的自然化处理等手法设计景观，通过抽象、具有强烈现代艺术感的平面构图和形体来表现环境景观设施，同时以柔和、生态的景观界面构建人与环境和谐共生共存的自然状态，带给人强烈的视觉艺术享受。　绘图工具：彩色铅笔、水彩

∷ 奥斯本环境设计有限公司

:: 奥斯本环境设计有限公司

:: 茵悦之生

广场廊架：现代，体现在入口广场和中央绿地；精致，体现在景观细部和入户门庭；自然，体现在对周边自然景观的引入。

绘图工具：马克笔

:: 茵悦之生

广场中心水景：画面构图简洁、明快，主题突出。自然的阴影效果突出了水池和喷水雕塑的立体感，而俯视效果又加强了主题的表现力。

绘图工具：彩色铅笔、马克笔

:: 奥斯本环境设计有限公司

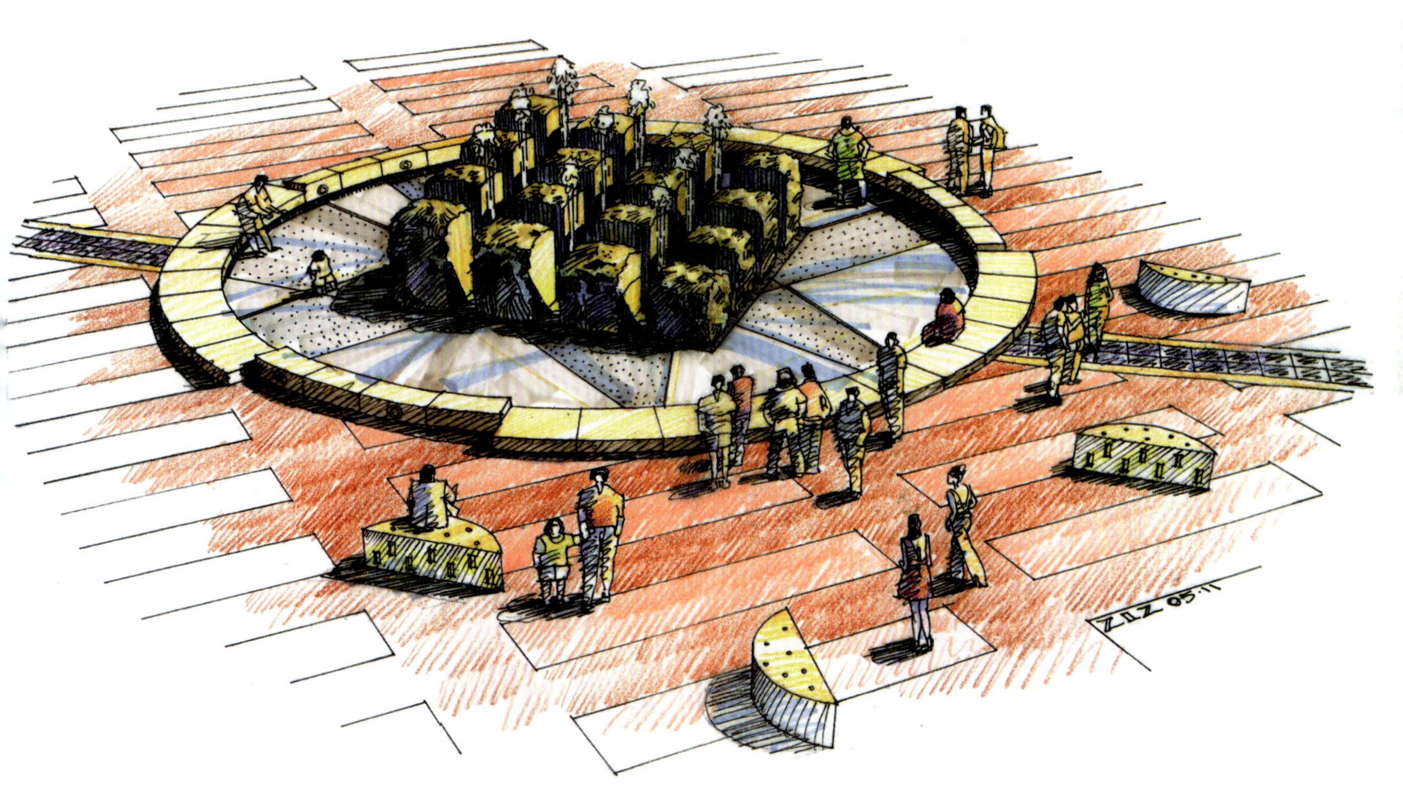

:: 奥斯本环境设计有限公司

:: 上海金地未来域

集商业及休闲为一体的城市公共开放空间，人性化的设计，考虑各空间的连接与机能性，同时保留原地块的一些景观元素，给人留下一些历史的片断记忆，再利用声光背投等高科技设备及浓烈的小品造型，创造出与建筑相投相映生辉的形象。 绘图工具：彩色铅笔

∷ 奥斯本环境设计有限公司

∷ 上海金地未来域

画面具有较强的透视感。作者尝试采用局部浓艳和非日常的色彩效果，突出处在建筑群体中的蓝色喷水、白色景观墙和绿色树阵。

绘图工具：彩色铅笔

:: 上海金地未来域

设计构思草图，但表达得已经很细致，场面的氛围刻画得很充分。

绘图工具：马克笔、彩色铅笔

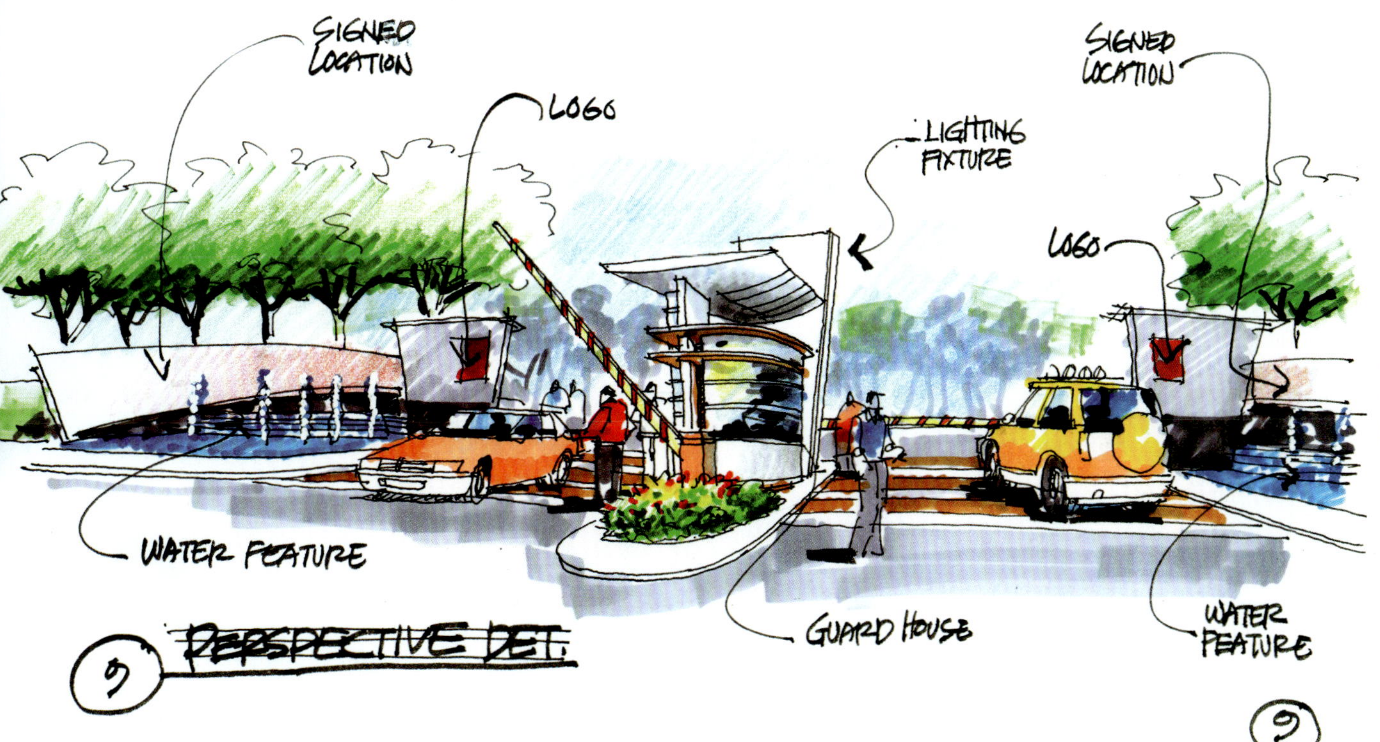

:: 奥斯本环境设计有限公司

:: 上海金地未来域

水景和植栽的颜色搭配得很好，树形优雅，与建筑的明暗关系处理得当。

绘图工具：彩色铅笔

∷ 上海金地未来域

充满现代构成艺术情趣的栅栏设计，创意新颖，表现充分。

绘图工具：彩色铅笔

∷ 奥斯本环境设计有限公司

:: 瑞典SED新西林园林景观有限公司

:: **北京沿海赛洛城绿色建筑社区**

街区节点：运用以黄绿色为主的鲜艳的色彩表现小区内部组团和林荫道。街道透视感强，沿街树木的形态颇有艺术趣味，表现出设计师对艺术风格的关注。

绘图工具：彩色铅笔

:: 成都香瑞湖花园高尚居住区

水池：作者运用麦克笔粗犷的表现手法和鲜艳的纯色调，水和天空表现得非常轻松，专注地刻画了帆船和茅亭。

绘图工具：马克笔

:: 瑞典SED新西林园林景观有限公司

∷ **成都香瑞湖花园高尚居住区**

前广场：站在中轴线上的一点透视图和浓淡分明的表现手法突出了画面的远近关系和层次感。树木的种类得到了专门的刻画，点明了项目的地域特色。

绘图工具：马克笔、彩色铅笔

:: 深圳大梅沙天琴湾首席南中国半岛豪华别墅

林间栈道：作者运用钢笔技法并略施淡彩来表现林间叠水和登山木栈道。前景较为突出，构图比较匀称。使林间栈道、自然树木和人工跌水相得益彰。

绘图工具：彩色铅笔

:: 瑞典SED新西林园林景观有限公司

:: 瑞典SED新西林园林景观有限公司

:: 深圳大梅沙天琴湾首席南中国半岛豪华别墅

主入口：明快的色彩和蜿蜒的小径成为画面构图的主旋律。冷暖结合的用色表现使得画面色彩斑斓。

绘图工具：水彩、彩色铅笔

:: 成都皇后国际高尚居住区

次入口：地面硬质铺装的色彩突出，使画面更具层次感。

绘图工具：水彩、马克笔

:: 瑞典SED新西林园林景观有限公司

020

:: 瑞典SED新西林园林景观有限公司

:: 深圳深沙海岸滨海豪宅

入口景墙立面：这是一张带有材料说明的设计草图。作者用细腻的笔触、淡淡的色彩轻松地刻画出入口景墙的设计以及植物配置。配景人物使读者对设计图的比例关系一目了然。

绘图工具：彩色铅笔、马克笔

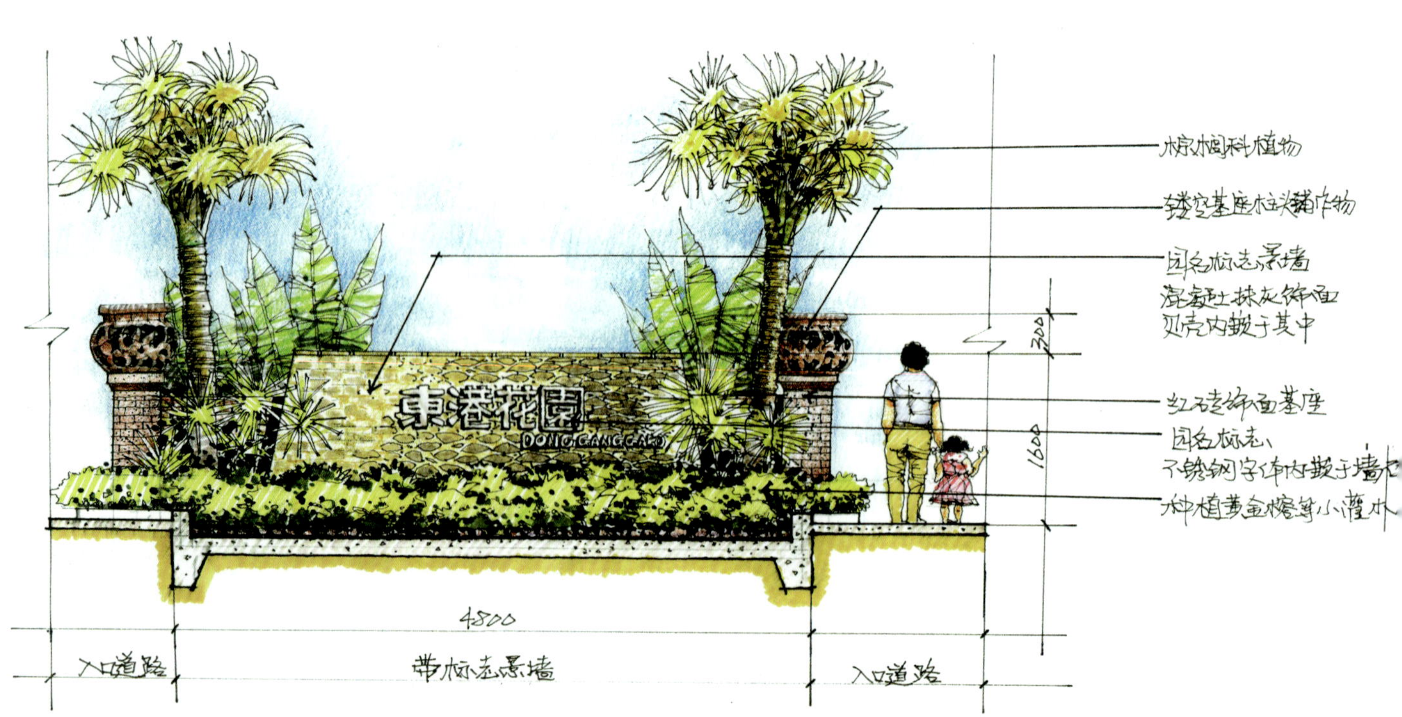

∷ 深圳深沙海岸滨海豪宅

泳池：程式化的设计表现，但细节处理得很到位。

绘图工具：彩色铅笔

∷ 瑞典SED新西林园林景观有限公司

:: 瑞典SED新西林园林景观有限公司

:: 南京东郊小镇大型高尚居住区

水景：采用了简洁的一点透视的手法，将画面分为远、中、近三个层次并配以各色植物，试图勾画出一个富有生机的亲水空间。

绘图工具：水彩、彩色铅笔

:: 南京东郊小镇大型高尚居住区

宅间：作者大胆的使用鲜艳的色彩来表现居住区内的小径和周围景观，并细致地刻画出环境的高低起伏。画面用色明快，层次丰富，具有临场感。

绘图工具：水彩、彩色铅笔

:: 瑞典SED新西林园林景观有限公司

:: 瑞典SED新西林园林景观有限公司

:: 南京东郊小镇大型高尚居住区

主入口：明快的植物配色、细致入微的各细部表现、富有层次的前后关系以及建筑物强烈的透视效果组成了一幅宜人的街头小景。

绘图工具：水彩

:: 苏州中茵皇冠国际社区

广场上以暖色为主的色彩夺目的树木、柔和的铺地和潺潺的叠水创造出一个多元的公共空间。

绘图工具：水彩

:: LAD-上海景源建筑设计事务所

:: LAD-上海景源建筑设计事务所

:: 杭州亲亲家园D区

作者用简约、流畅的笔触勾画出入口门廊的设计构思，对比鲜明，配色明快。而比例人的配置在活跃了画面的同时给读者提供了正确的尺度感。

绘图工具：水彩

∷ 杭州亲亲家园D区

正确的透视关系、认真的细部刻画是这张表现图的特点之一。作者正确地运用马克笔的表现手法，使怪石、落水等的表现耐人寻味。

绘图工具：马克笔

∷ LAD-上海景源建筑设计事务所

:: LAD-上海景源建筑设计事务所

:: 绍兴山水人家

艳丽的色彩使植物配置成为这张效果图的表现核心，而入口大门则隐约于树丛之中成为配角。

绘图工具：水彩

北京土人景观与建筑规划设计研究院

石春

天津洛卡小镇

建筑表现得很准确，画面自上到下色调逐渐浓重，把视线引向街道的景观氛围。

绘图工具：彩色铅笔

∷ **冀兴尊园**

表现图绘制得轻松随意，周边放松而中心着力，设计意图表达得比较清楚。

绘图工具：彩色铅笔

∷ 北京土人景观与建筑规划设计研究院

邵飞

:: 北京土人景观与建筑规划设计研究院

邵飞

:: **冀兴尊园**

作者用娴熟的笔法轻松地勾勒出庭园的内景。浓淡适宜、和谐有序的色彩，疏密有致的笔触将单一的场景表现得丰富多彩。

绘图工具：彩色铅笔

冀兴尊园

这是一个透视关系比较复杂、范围较大的场景。通过构图上对近景较细致的描绘与远景形成对比，增加了画面的层次和深度。

绘图工具：彩色铅笔

北京土人景观与建筑规划设计研究院
邵飞

:: 北京土人景观与建筑规划设计研究院

胡含宇

:: **天恒别墅山**

以简洁潇洒的笔触表现了别墅山入口的场景。表现图用色淡丽和谐、纯净明快、层次丰富，给人以清新透亮的感觉，具有强烈的感染力。

绘图工具：水彩

家園
2006.1.3.

:: 北京清华安地
建筑设计顾问有限责任公司
陈挥

:: 小区景观设计

留白的建筑与华丽的景观设计形成有趣的对比，提高了设计草图的欣赏价值。

绘图工具：马克笔

小区景观设计

这张从居室内俯瞰小区内庭的表现图的取景与众不同，近景、远景层次分明，用色活泼，充满了生活气息。而别致的透视视角给业主或购房者提供了临场感。

绘图工具：马克笔

北京清华安地
建筑设计顾问有限责任公司
陈挥

:: 佛莱明公司

:: **绍兴国际华城**

小区入口处的绿地景观表现得淋漓尽致。明快的色彩、浓淡虚实适宜的表现手法都如实地反映恬静优雅、绿树如茵的良好环境。

绘图工具：水彩

∷ 绍兴国际华城

在这幅表现水边景色的水彩画里，作者采用俯视水岸的透视角度，通过对水边建筑及景观要素的描写来表现丰富的亲水空间。

绘图工具：水彩

∷ 佛莱明公司

:: 佛莱明公司

:: 绍兴国际华城

幽静的庭院空间，开放的现代空间，精致的硬质景观，休闲的游憩场所，充满情趣的环境小品，自然的水体景观体现整个小区环境设计的内涵。

绘图工具：彩色铅笔

∷ 绍兴国际华城

交通干道两侧的绿化处理，用现代的设计手法构成形式，追求优美、清新、自然的特色，使每处景观透出自然感、亲切感与超越感，散发出浓厚的人文气息。

绘图工具：水彩

∷ 佛莱明公司

:: 成都豪思设计装饰有限公司

何绪邦

:: **泰基花溪谷**

客厅：借用麦克笔粗犷的笔触，采用一点透视的视角，快速、简洁地表达了客厅室内的设计构思。

绘图工具：马克笔

泰基花溪谷

卧室：麦克笔简洁而确定的暖色线条将卧室内的景色勾勒得温暖舒适、富有生活情调。中央对称的一点透视又将读者的视线自然而然地引向画面的中央，突出了重点。

绘图工具：马克笔

成都豪思设计装饰有限公司

何绪邦

∷ 成都豪思设计装饰有限公司

刘旭辉

∷ 住宅室内设计

卧室：马克笔的笔触很有特点，运笔流畅轻快，显示设计者已是成竹在胸。

绘图工具：马克笔

:: 住宅室内设计

卧室：用麦克笔豪放的线条、奔放的笔触和重厚的色彩来表达卧室的室内设计构思，但细节的刻画同样没被忽视。

绘图工具：马克笔

:: 成都豪思设计装饰有限公司

刘旭辉

:: 成都豪思设计装饰有限公司

刘旭辉

:: 住宅室内设计

卧室：生动而不呆板的透视角度、奔放的钢笔线条配上麦克笔粗犷阔达的笔触。作者简洁、快速地将室内设计构思反映在图纸之上。

绘图工具：马克笔

:: 爱涛漪水园

山景效果：画面受中国传统山水画技法的影响，用来表达山林中的水景效果颇为得宜。大面积的留白处理烘托出宁静祥和的山水氛围，寥寥数笔即渲染出山林的幽深和水面的平静。

绘图工具：彩色铅笔

:: 陈凌航

098

:: 陈凌航

:: **爱涛漪水园**

水景效果：构图均衡匀称，着墨恰到好处，松紧之间颇见绘制者的功力。不同树种的特点表现得非常准确，建筑的淡化处理突出了景观设计的重点所在。

绘图工具：彩色铅笔

∷ 爱涛漪水园

沿湖效果：绘制者手法娴熟，风格统一，珍惜笔墨。大面积的留白和淡化处理需要较高的技巧和对设计焦点的准确把握。

绘图工具：彩色铅笔

∷ 陈凌航

100

:: 陈凌航

:: 花开四季－豪景阁

构图非常符合人的视觉习惯，离观察者越近的看得越清楚。小区内的景观表达得很充分，但不妨碍对建筑主体设计特点的展示。

绘图工具：水彩

∷ 黑幕营小区

快速地表达设计意图，用于设计师自身的检查和与业主的沟通，是设计手绘图的重要用途之一。以简约的笔法充分表达出景观设计的诸多要素：与建筑的关系、小品建筑的配置、树种的选择、水面和池岸的处理等等。

绘图工具：马克笔

∷ 陈凌航

:: 陈凌航

:: **黑幕营小区**

设计手绘图的风格可以多样，所使用的工具也有多种选择。以粗犷的马克笔触表达景观设计的效果也不失为一种有个性的选择，便于快速地审视设计的效果。

绘图工具：马克笔

∷ 休闲别墅社区

简练的线条和色彩勾勒出尽端道路这一心理上归属私人的公共空间，反映了各种植物的配置方式及其与铺装、置石等硬质景观的关系。

绘图工具：水彩

∷ 陈跃中

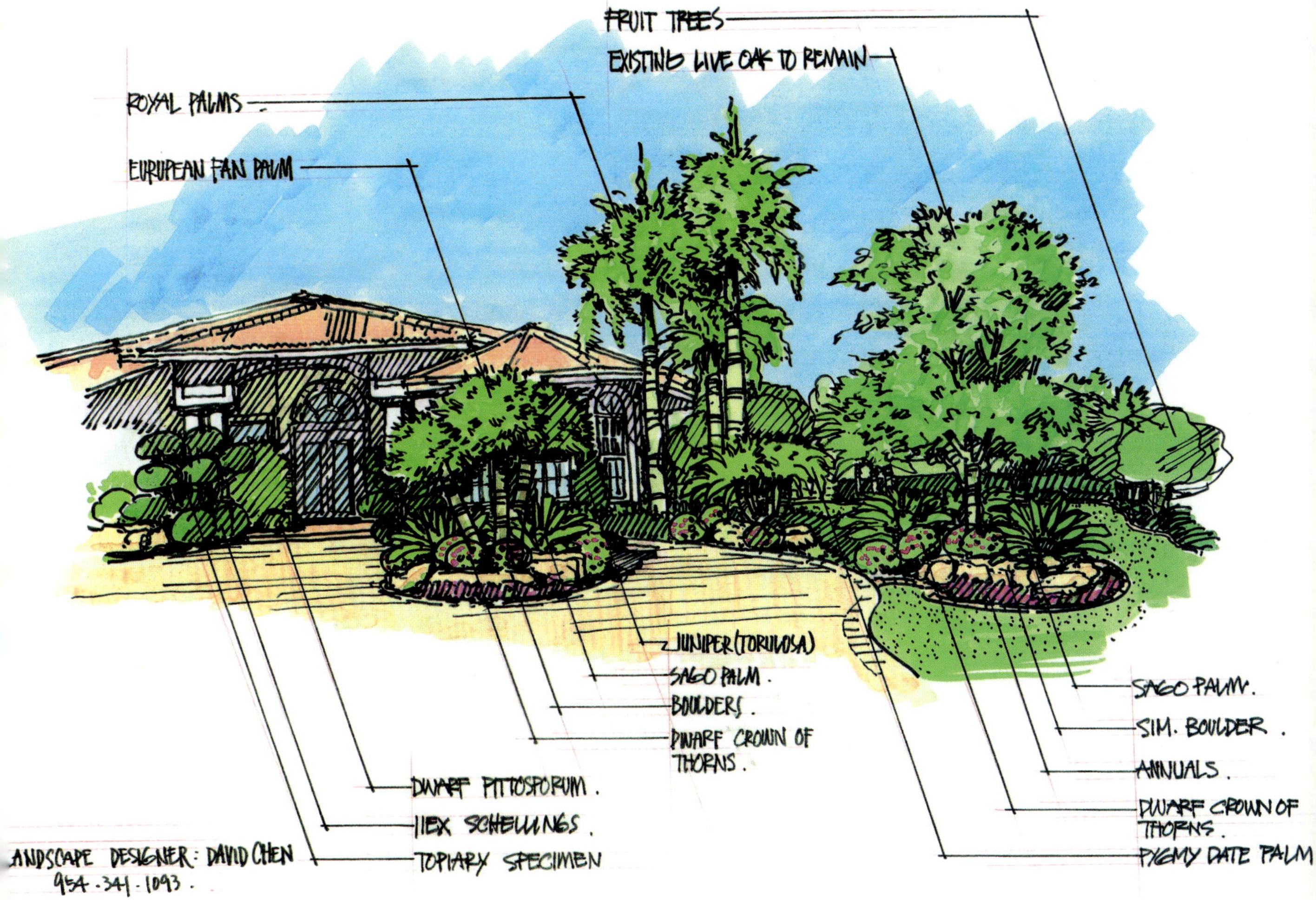

FRUIT TREES
EXISTING LIVE OAK TO REMAIN
ROYAL PALMS
EUROPEAN FAN PALM
JUNIPER (TORULOSA)
SAGO PALM.
BOULDERS.
DWARF CROWN OF THORNS.
SAGO PALM.
SIM. BOULDER.
ANNUALS.
DWARF CROWN OF THORNS.
PYGMY DATE PALM
DWARF PITTOSPORUM.
ILEX SCHELLINGS.
TOPIARY SPECIMEN
ANDSCAPE DESIGNER: DAVID CHEN
954.341.1093.

:: 童秦川

:: **金林半岛**

有趣的视角、简洁有力、具有动感的麦克笔线条加上富于变化的配色组成了该设计构思草图的主旋律。

绘图工具：马克笔

金林半岛

较好的构图和漫画式的表达方式将作者的创作构思融于方寸画面之中。毫无疑问，强烈的虚实对比表现风格也是画面的主要特征之一。

绘图工具：马克笔、水彩

童秦川

:: 童秦川

:: 金林半岛

客厅：色彩的配置和线条的运用将观者的视点引向设计的重点。

绘图工具：彩色铅笔、马克笔

:: 金林半岛

卫生间：这是一张虚实相间、表达清晰的设计草图。简洁明快的色调、材料的说明以及细部处理的节点表现比较完整地反映了作者的设计构思。

绘图工具：马克笔、彩色铅笔

:: 童秦川

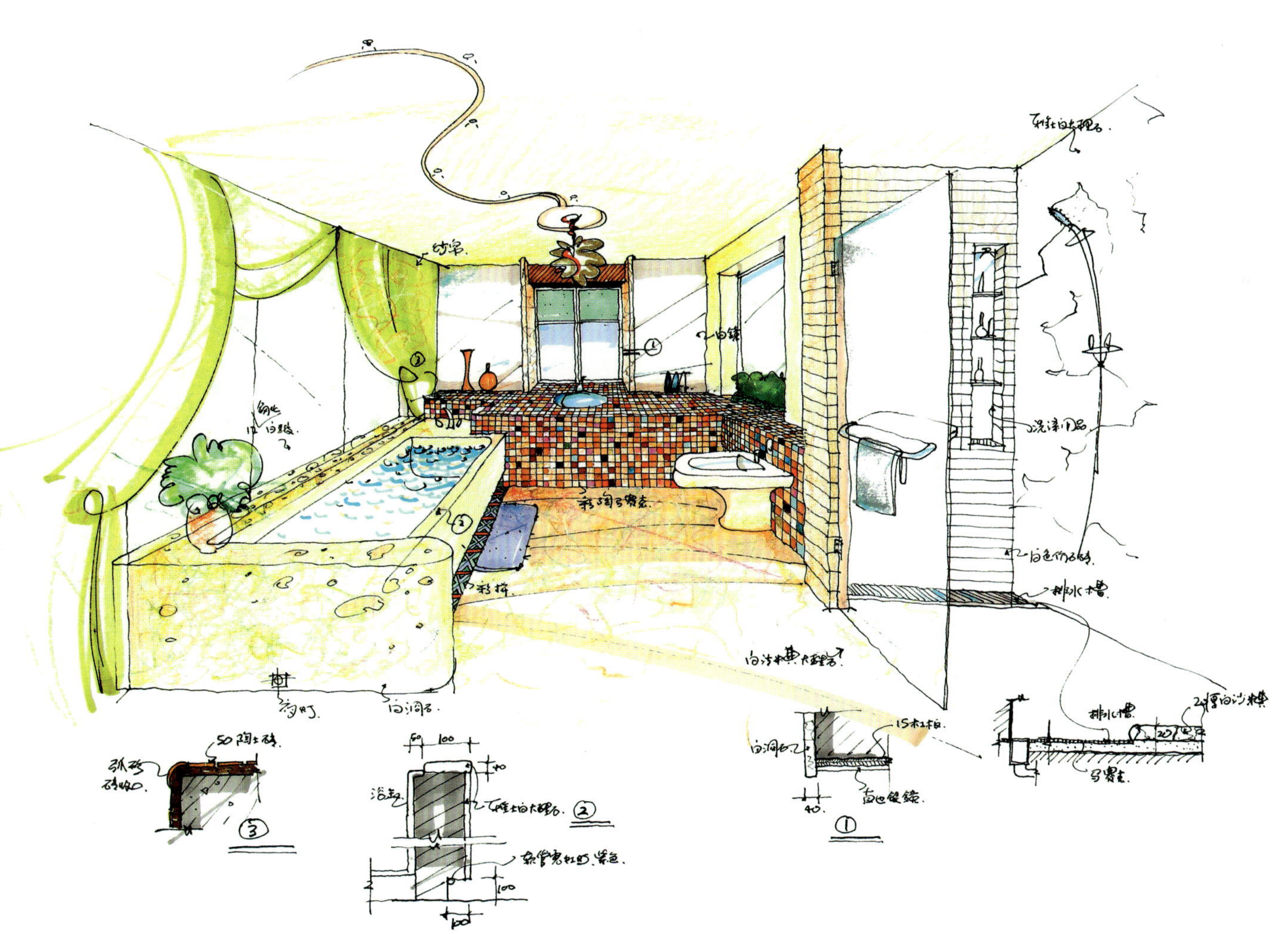

:: 童秦川

:: **住宅室内设计**

客厅：简洁干脆的笔触、虚实相间的配色和局部的描写和一目了然的宽幅一点透视充分表达了起居室的设计构思。

绘图工具：马克笔

住宅室内设计

利用夸张的透视效果，粗犷的麦克笔触来快速描绘洗手间的室内设计。

绘图工具：马克笔、彩色铅笔

童秦川

:: 童秦川

:: **小区景观设计**

建筑的细节表达得非常清楚。

绘图工具：水彩、彩色铅笔

:: 住宅室内设计

客厅效果图：这里我们看到绘制者的个性和偏好如何影响表达的风格。纸张的质地和纹理对画面效果的影响也很明显。

绘图工具：彩色铅笔

:: 李敏堃

:: 王小保

:: 左岸春天

热闹繁华的小区景观设计。色彩绚丽而丰富。铺地的形状复杂多变，植栽丰富，元素众多，构成欢快的居住氛围。

绘图工具：彩色铅笔

『左岸春天』二期景观效果图
2004.11

:: 王治君

:: 住居一角

简洁而不简单的室内设计，线条辅以简洁的色块，清楚地表达出空间的层次和各空间内最主要的陈设设计。

绘图工具：水彩

∷ 海琴湾

卧室设计图。虽然抽除了色彩，画面也不追求视觉的冲击力，但完成了基本的任务，清楚地描述了各项设计的基本元素。

绘图工具：速写笔

∷ 徐潇淳

:: 徐潇淳

:: **金碧华府**

书房：精准的钢笔线条表现，设计虽然简洁，但很实用，表现手法和设计一样，同样是质朴简洁。

绘图工具：速写笔

:: 体育花园

木材的大量使用是该设计的特点，客厅的背景墙以强调水平线条的木栅构成，沙发和椅子的搭配看似随意，但以地毯统一成一个轻松惬意的家居空间。

绘图工具：速写笔

:: 徐潇淳

:: 杨彬

:: 林语别墅62号

白描的手法再配以写实的照片，这样的表现倒是别有情趣，既能有效地表达项目所处的地点和环境，又具有手绘表现的艺术效果。

绘图工具：速写笔

:: 住宅室内设计

客厅：彩色铅笔渲染出温馨浪漫的起居空间。渲染非常精细、沉着，使得画面中的各种元素都被统一起来。

绘图工具：彩色铅笔

:: 杨彬

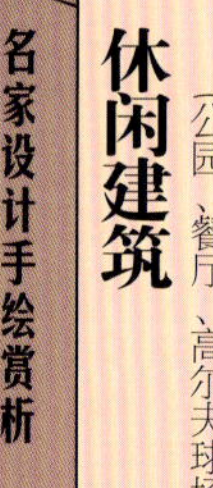

休闲建筑

（公园、餐厅、高尔夫球场、度假村等）

：：洛维休闲度假区

鲜艳的色彩符合步行区域热烈欢快氛围的表达需要。临街的建筑尺度宜人，道路以粗犷的石块铺装，符合山地别墅区的性格。

绘图工具：马克笔

：：美国ELAD设计公司

童群　Jenny Tan　John Mannin

:: **奥林匹克水上公园**

水上公园鸟瞰图：潇洒的笔触迅速完成对周边环境的大面积表达，而项目用地内的景物则刻画得比较细致。几何形态的植物群、水面，表现出设计者整理自然的决心。

绘图工具：马克笔

∷ 易道公司

∷ 苏州金鸡湖

用水彩表现出的宏大场景。对建筑的刻画是格式化的处理，要表达的重点是城市的空间关系、城市与自然水面的关系和景观各种要素整体的氛围。

绘图工具：水彩

:: 美国ELAD设计公司

童 群　田儒　Jenny Tan

:: **龙子湖风景旅游度假区**

度假酒店鸟瞰图：独栋式休闲度假酒店采用组团式布局，附带大型花园，配套服务设施完善。商业、餐饮、酒吧与休闲度假酒店相结合，独立管理又与娱乐休闲区相连。

绘图工具：彩色铅笔

∷ 龙子湖风景旅游度假区

科普公园：原生果树植被茂密、幽静，主要活动设施是采摘、科普。将生产、科研、流通、销售、旅游、观光、教育多种因素联动开发，区域中设观花赏花和园艺习作、特色植物园、水果采摘园、茶道艺术、陶艺制作、儿童学习园圃、药膳种植等生态观光及农业观光项目。

绘图工具：彩色铅笔

∷ 美国ELAD设计公司

童群　田儒　Jenny Tan

:: 美国ELAD设计公司

童群　田儒　Jenny Tan

:: **龙子湖风景旅游度假区**

大众公园：开敞、亲水的公共休闲空间，现代、时尚的风格，并设有水边步道、冷餐室、活动室、小型零售、服务、管理等配套设施。

绘图工具：彩色铅笔

∷ 珠海海洋温泉旅游度假村

此图不失为手绘表现的模本。抽除色彩后，着重表现的只是各种建筑元素和植栽的形态与质感。绘制者以不同的笔触和线条完成了这一任务。

绘图工具：速写笔

∷ EDSA

:: EDSA

:: 珠海海洋温泉旅游度假村

手绘表现图有法无则，达到表现的目的即可。用色简单而富于童趣，大面积线条粗犷、用色浓重的树荫下展现出的是欢快喜悦的广场空间。

绘图工具：马克笔、彩色铅笔

:: 珠海海洋温泉旅游度假村

码头：华丽而丰富的色彩渲染出码头浮华的品味，建筑的色调统一，西洋元素重新诠释和组合得比较到位，炭笔的笔触传达出一种轻松的氛围。

绘图工具：水彩、彩色铅笔

:: EDSA

:: 爱普斯顿国际

:: 三亚高尔夫

两张铅笔淡彩建筑方案草图都比较细致地表现了休息亭的设计构思，作图工整，用色淡雅。

绘图工具：彩色铅笔

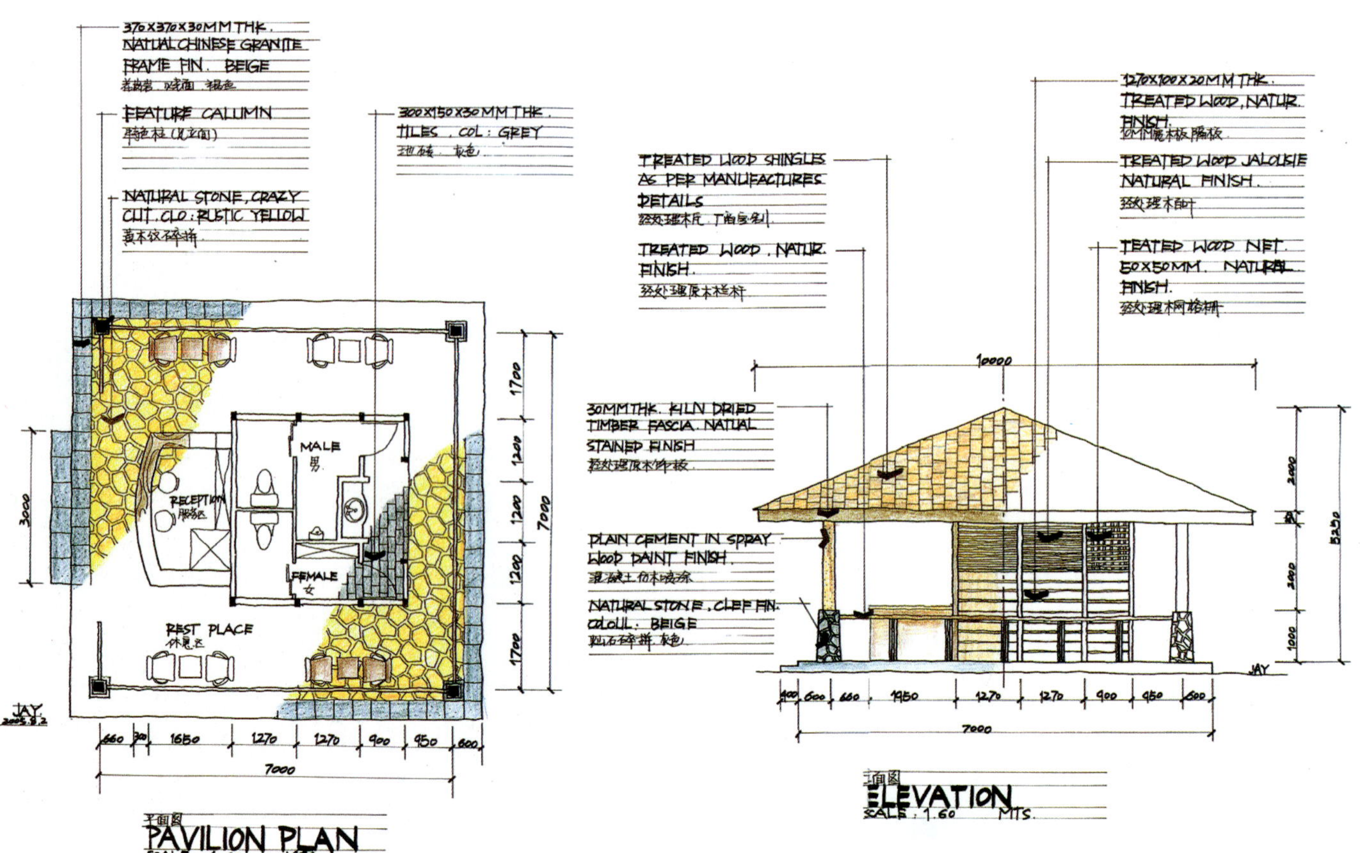

:: 三亚高尔夫

别墅区：设计“韵律”，成为设计师的艺术主题，实现“韵律”，展开人与球场，人与自然的友情对话方式。

绘图工具：水彩

北京土人景观与建筑规划设计研究院
胡含宇

朝阳公园东方蓓蕾城和平广场

这是一张绘画性较强的表现图。作者试图通过运用流畅的线条和纯净明快的色彩来表达公园广场濒水空间的宜人景观。

绘图工具：水彩

：：旧机器

通过对经过改造的废旧工业设备的描绘，展示了一幅令人心动的景观图画。画面构图完整、配色淡雅和谐，充分表达了设计者的艺术构思

绘图工具：水彩

：：北京土人景观与建筑规划设计研究院

潘阳

:: 北京土人景观与建筑规划设计研究院
邵飞

:: 苏州太湖

画面简约，色彩淡雅，木质廊架和小亭的色彩与植栽形成对比，有力地烘托了设计的重点。

绘图工具：彩色铅笔、水彩

:: 苏州太湖

自然生态公园的原生态氛围表现得很到位，茅亭的配置也恰到好处，笔法粗犷而传神。

绘图工具：水彩、彩色铅笔

:: 北京土人景观与建筑规划设计研究院

邵飞

北京土人景观与建筑规划设计研究院

邵飞

苏州太湖

码头上的木栈桥和廊架以暖色调表现，与蓝色天空、水面和浅浅的远山形成对比。

绘图工具：彩色铅笔

苏州太湖

和谐而富于变化的冷暖配色、娴熟飘逸的用笔着墨，在发挥了铅笔淡彩表现力的同时，充分表达了一个回归自然、野趣横生、生机盎然的生态亲水景观。

绘图工具：彩色铅笔、马克笔

北京土人景观与建筑规划设计研究院

邵飞

:: 成都豪思设计装饰有限公司

曾石

:: **都江堰**

在这幅铅笔淡彩草图里，画面处理构图饱满，用色淡雅，前后景观搭配适宜，细致地描绘出一个中国传统风格的建筑空间。

绘图工具：彩色铅笔

:: 都江堰

传统的白描技法被恰当地运用在这幅古建筑风格的建筑设计草图里。画面里的亭山池水、楼阁树木都被细致地进行了描绘，别有一番风趣。

绘图工具：速写笔

:: 成都豪思设计装饰有限公司

曾石

:: 陈跃中

:: **度假区**

作者用流畅、娴熟的线条将众多的景观元素汇为一体。构图饱满、艳而不俗，杂而不乱，充分地表现出度假休闲设施的情与趣。

绘图工具：水彩

:: 城市公园

厚重犀利的笔锋、饱满厚醇的用色、浓淡相宜、丰腴沉稳的构图充分地表达出一幅栩栩如生的水生景色。

绘图工具：水彩

:: 陈跃中

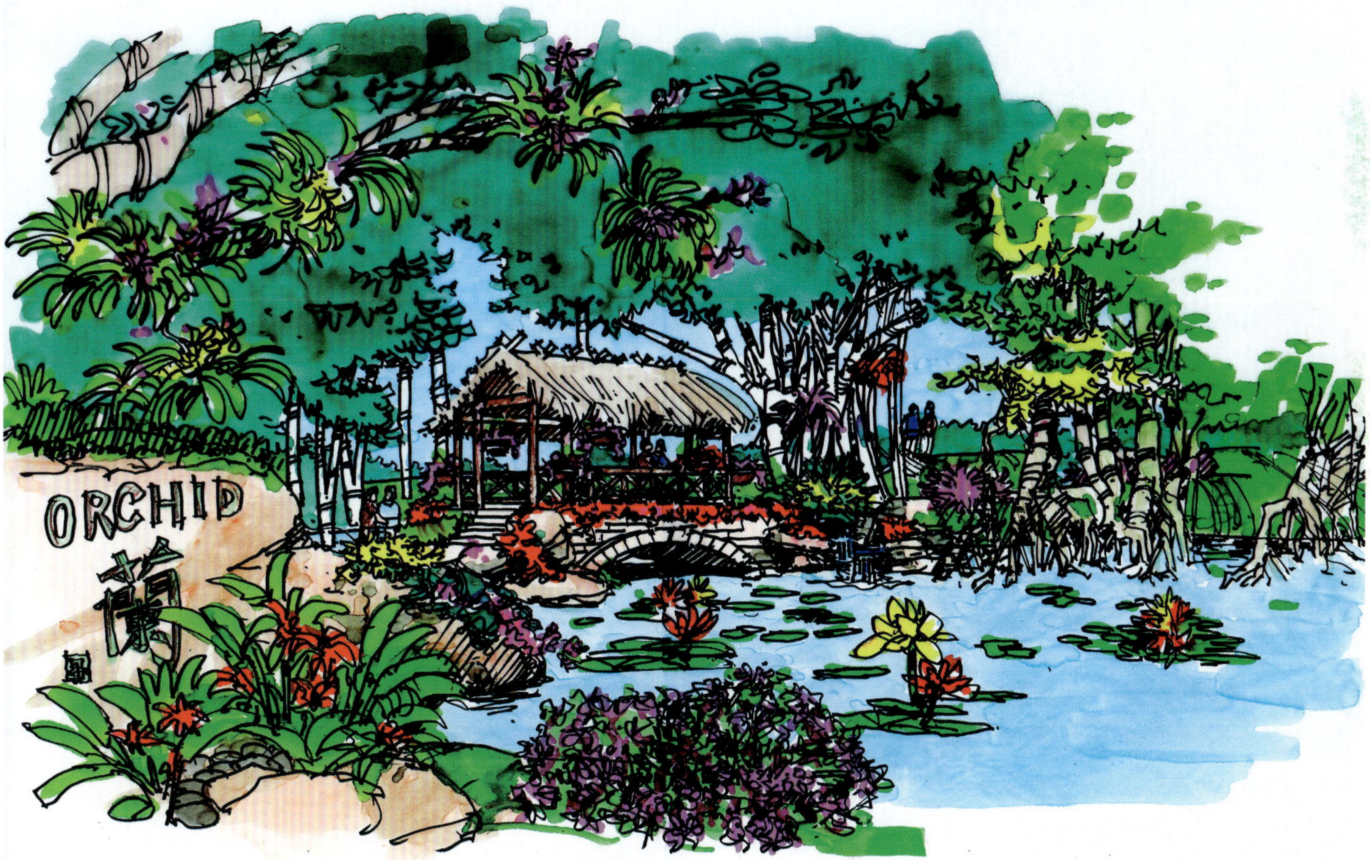

:: 陈跃中

:: **旅游度假区**

复杂空间结构和竖向设计通过手绘图明晰的表达出来。

绘图工具：水彩

∷ 休闲度假酒店

人物的应用使景观空间充满活力，空间尺度表达准确。

绘图工具：水彩

∷ 陈跃中

:: 李浩澜

:: 长江（南京）游艇码头

马克笔的表现力得到了较好的发挥，木色的天花、藤编的吊篮沙发、蓝色的椅套、红色的窗帘，共同构成一间雅致的游艇码头餐厅。

绘图工具：马克笔

:: 茶室

设计的主要材质是天然的木材和藤艺。设计相对比较简约，但通过绘制者的技巧，使得相对朴素的设计具有了高雅的气息。

绘图工具：马克笔

:: 李浩澜

:: 李浩澜

:: **多功能室入口**

巨大的红色通道是画面的焦点，也是设计的重点。马克笔触的走向表达出设计所用的材质。色彩的对比使得画面充满张力。

绘图工具：马克笔

:: 餐厅楼梯

富于现代气息和未来感的吊挂楼梯，以金属材质为栏杆，玻璃为栏板，与木质踏板形成人工技术与自然美感的对比。楼梯旁的绿色植栽和红色的装饰性构件更强调了这种对比。

绘图工具：马克笔

:: 李浩澜

:: 李浩澜

:: 热带雨林生态大厅

既是热带雨林生态大厅，表现的重点当然是热带雨林的植物特色和人文特色。建筑本身被弱化，突出了热带的植物和部落的图腾。

绘图工具：马克笔

∷ 古六塔 — “现代粗粮”馆

∷ 王兆明

共享大厅：复杂的结构似乎使人眼花缭乱，但表现了设计师的设计思路和设计过程。大厅的材质比较统一，色彩素净，但以水面的灯光效果作为活跃元素。

绘图工具：马克笔、色纸

:: 王兆明

:: **古六塔 —“现代粗粮”馆**

餐饮大厅角度：仔细刻画的细节很好地表达了设计的意图，既家具的风格、天花的处理和墙面的装饰。画面着力比较均匀，中间部位的天花施以浓墨重彩，以调节画面的明暗效果。

绘图工具：马克笔、色纸

∷ 古六塔 —“现代粗粮”馆

一层餐区：餐区给人以宁静沉着的感觉，材质高雅，细节丰富，这些细节均得到了较好的表现，餐厅安静雅致的就餐氛围得到很好的表达。

绘图工具：马克笔、色纸

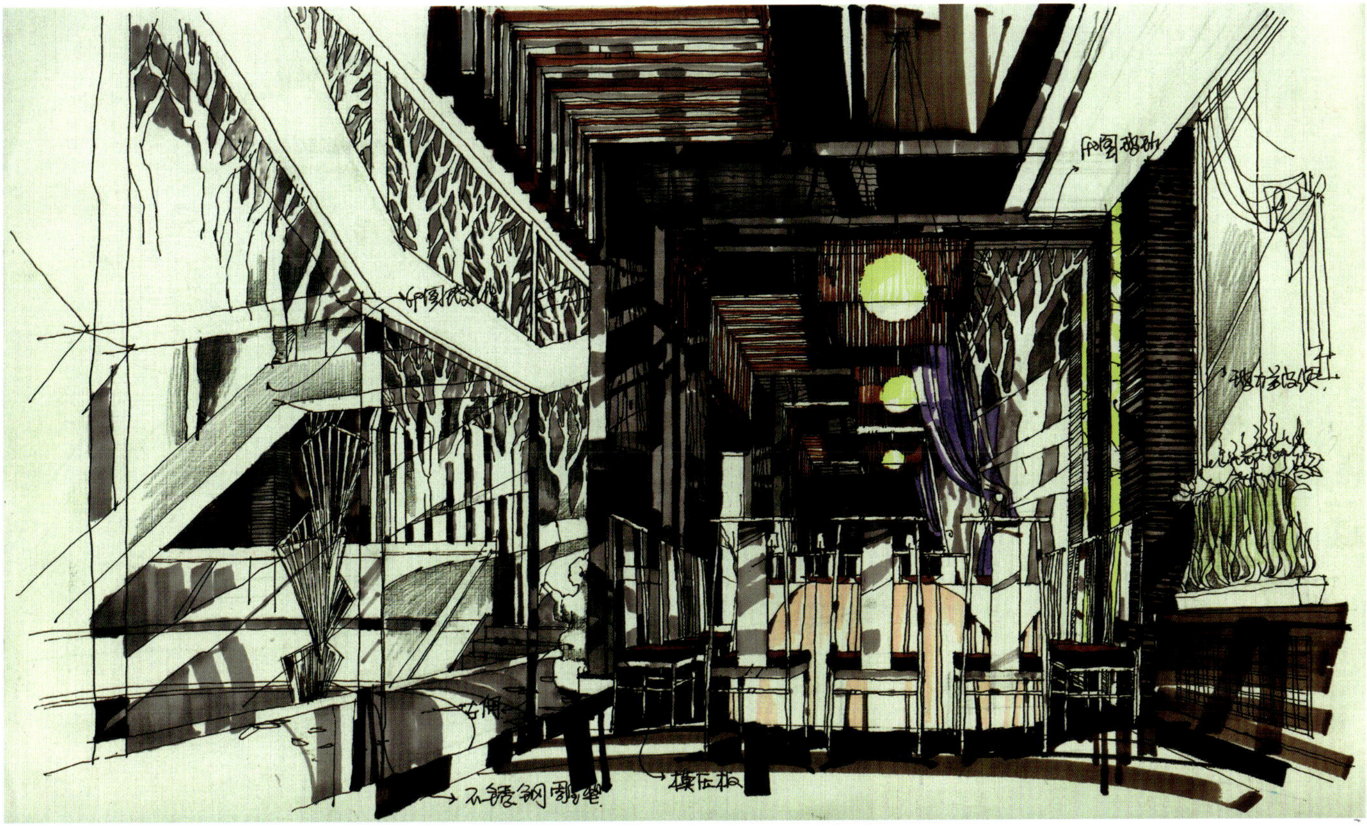

:: 王兆明

:: 古六塔—“现代粗粮”馆

酒店门厅：浓重的色彩表达出门厅庄重典雅的性格，大面积深色的使用，赋予设计以厚重感，入口处的少许亮色在沉静中表达出迎宾的意味。

绘图工具：马克笔、色纸

∷ 古六塔—“现代粗粮”馆

夹层过厅：强烈而具有魄力的透视效果、大胆而富有个性的笔触和配色将作者的设计构思表现得淋漓尽致。

绘图工具：马克笔

∷ 王兆明

:: 王兆明

:: 上海瑞阳医疗美容馆

外立面：用具有透视感的画面配以简洁的材料说明来表达独自的设计意图。

绘图工具：水彩

∷ 上海瑞阳医疗美容馆

外立面：这幅经过细致描绘的钢笔淡彩表现图突出地表现了建筑的体型和体量，画面中的阴影效果恰当地表达出建筑细部的前后关系。

绘图工具：水彩

∷ 王兆明

:: 王兆明

:: **上海瑞阳医疗美容馆**

前厅：室内天井的曲线和透视效果使画面充满了动感，而画面中的淡彩阴影衬托出家具的立体感。

绘图工具：水彩

:: 上海瑞阳医疗美容馆

前厅：善于运用曲线设计和透视效果的作者利用特殊的构图创造出一个具有个性，独自的表现世界。

绘图工具：水彩

:: 王兆明

∷ 王小保

∷ **南郊公园**

“南郊印象”：微丘、山谷、鸣涧相映成趣，得其幽；茂林、修竹、山蕨、丛茅历历在目，得其野；数红高阁、艺绿小居，双亭翼然，若隐若现，得其古；鸟语空山，游戏森林，滑翔草坡，漫舞林间，得其乐。

绘图工具：速写笔

∷ 南郊公园

凸现传统园林建筑和湖南民居的精髓。建筑单体应强调本地特征，建筑材料应强调乡土特色，建筑色彩应强调与周围环境协调。

绘图工具：速写笔

∷ 王小保

:: 王小保

:: 南郊公园

这幅铅笔素描如实地记述了一座古典风格建筑。前景树木的“虚”与后景建筑的“实”相得益彰。

绘图工具：速写笔

∷ 南郊公园

钢笔线条成功地表现出混凝土挡土墙的生态化处理、道路的景观植栽、休息广场与道路的关系、不同功能的道路铺装等。

绘图工具：速写笔

∷ 王小保

:: 魏力峰

:: **餐饮中庭**

表现风格的选择取决于多方面的考虑。此设计明显服务于中式餐饮，建筑和装修的风格均是传统民居的形态，表现风格也选取了带有历史感的单色画面。

绘图工具：色纸、彩色铅笔

:: 魏力峰

:: 演艺大厅

充满了表现主义意味的演艺大厅，科幻般的背景和钟乳石般的吊顶装饰，在以金色为点缀的色彩浓丽的表现图中，演艺大厅的神秘和奢华的趣味得到充分的表达。

绘图工具：彩色铅笔

:: 魏力峰

:: KTV包厢

充满了梦幻色彩的、超常规的KTV包房，也许用超常规的方式来表达更为适宜。异形的建筑空间、太空幻想色彩的天花与墙体连成一体，沙发的造型和色彩与空间性格相得益彰。

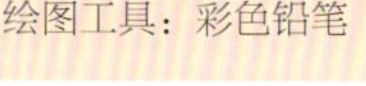

绘图工具：彩色铅笔

大丰和湘菜

天花的曲线活泼灵动，但不是表达的重点，重点在于天花与墙面交界、大厅中柱、隔断的处理，设计的意图得到清晰的展现。

绘图工具：马克笔、彩色铅笔

杨彬

y, encourage architectural diversity in the
of individual homes.

Clubhouse / Sales Center

aditional charcoal colored barrel tile, warm limestone,
l mahogany woods define a relaxed elegant style.
e is in deliberate contrast to the slick, chrome, granite
l glass that dominates all new urban and institutional
ding in the region.

滨水

在这幅画风独特的画里表达了一个层次丰富的水岸空间。侧向俯视的构图和虚化的高大树阵将画面撑得饱满殷实。

绘图工具：水彩

北京土人景观与建筑规划设计研究院
潘阳

∷ 北京土人景观与建筑规划设计研究院
邵飞

∷ **新疆鄯善**

在把握不同场所类型定位的同时，更抓住了新疆独有的地域特色和民族风情。

绘图工具：彩色铅笔

:: 河北迁安三里河

独特的透视角度、干脆利落的笔触、冷暖、浓淡适宜的颜色搭配和内外景恰当的处理都使这幅表现图独有风味，具有临场感和感染力。

绘图工具：水彩

:: 北京土人景观与建筑规划设计研究院

石春

中国建筑设计研究院
环艺院景观所
李力　朱燕辉　路媛　管婕娅　王可　温亚玲

奥体中心区

在这幅彩色铅笔画里，临街树阵被认真而仔细地给予了刻画，画面具有较强的透视感。

绘图工具：彩色铅笔

奥体中心区

强烈的透视感和一点透视的构图将读者的视线集中在画面中央，池中的荷叶莲花衬托出白色建筑简洁的造型。

绘图工具：彩色铅笔

中国建筑设计研究院
环艺院景观所
李力　朱燕辉　路媛　管婕娅　王可　温亚玲

:: 中国建筑设计研究院
环艺院景观所
李力　朱燕辉　路媛　管婕娅　王可　温亚玲

:: **奥体中心区**

漂浮在水上：人们上上下下阶梯和坡道，看到树木、瀑布和视屏，听到瀑布水声、店铺中音乐声、观演平台中传送的比赛现场的声音。感触到石阶、草坪和流水。

绘图工具：彩色铅笔

奥体中心区

同自然对话：树阵，树木的生长过程，记录了时间流逝中，事件在空间上的投影，就像是一盘围棋，落子之前的空白最终将被不同的树木填充。

绘图工具：彩色铅笔

中国建筑设计研究院
环艺院景观所
李力　朱燕辉　路媛　管婕娅　王可　温亚玲

∷ 北京清华安地
建筑设计顾问有限责任公司
陈挥

∷ 北京传媒大道

设计手绘图的主要用途是表达设计师的意图。无关的元素均被忽略，突出的是建筑立面的处理，架空步道的设计特点，广场上的植栽、小品和铺地，重点突出，层次分明，绘画技巧娴熟。

绘图工具：彩色铅笔

∷ 北京传媒大道

画面显得轻盈飘逸，主要的设计元素，如传统的瓦屋面、门头，现代艺术装置风格的织网，完整地传达出设计意图，同时设计的意图与绘画的表达风格比较协调，设计图本身就是一幅很好的装饰画。

绘图工具：彩色铅笔

∷ 北京清华安地
建筑设计顾问有限责任公司
陈挥

∷ 北京清华安地
建筑设计顾问有限责任公司
陈挥

∷ **成都宽窄巷子**

用手绘来表现建筑群体是相当有难度的工作。整个设计地段内的建筑均被表现得有条不紊，各种元素间关系明确、清楚，其间点缀的亮色树木活跃了气氛，调节了画面的节奏。

绘图工具：马克笔

∷ 成都宽窄巷子

整张图绘制得很放松，但设计思路表达得比较清楚，笔触流畅。高楼之间的巷子整治意图跃然纸上，建筑的材质、街巷中的喷泉、亭阁、小广场、植物的种类，相互搭配得相得益彰。

绘图工具：马克笔

∷ 北京清华安地
建筑设计顾问有限责任公司
陈挥

:: 北京清华安地
建筑设计顾问有限责任公司
陈挥

:: 成都宽窄巷子

宽窄巷子整治后的街巷景观，重点集中在表现街道两侧建筑的风格和空间层次。现代风格的建筑与对面的传统风格建筑之间以街道和行道树作为缓冲，由于尺度控制，街道空间的整体性很强。

绘图工具：马克笔

街巷效果图
沿街建筑立面增加商业氛围；边角以植物填充，道路铺装因新旧而不同处理。

:: 成都宽窄巷子

小巷子整治设计表现，用线条的组合方式表现出比较细腻的建筑材质。在以尺度和建筑形态上保留传统街巷的韵味的同时，增加了许多现代的建筑语言和材料。小院院墙以玻璃制成，将街道空间引入到院内，较有创意。

绘图工具：马克笔

:: 北京清华安地
建筑设计顾问有限责任公司
陈挥

街巷效果图
宽巷子的街景，小院院墙设计为玻璃的不影响视线交流；沿街建筑立面增加商业氛围；边角以植物填充。

彩色铅笔的表现力发挥得很好，色彩淡雅，色调统一，把滨河区内的建筑、景观的设计意图表达得非常清楚，既是一张准确的设计图纸，同时也是具有美感的画作。 绘图工具：彩色铅笔

北京清华安地
建筑设计顾问有限责任公司
陈挥

:: **怀柔两河一路**

景观设计表现图最难表达出的是氛围。绘制者选取富于童真的色彩和笔触，以淡雅的色调，精心刻画水中的荷花、芦苇以及活动的人群，有力地渲染出滨水区平安宁静的气氛。

绘图工具：彩色铅笔

:: 北京清华安地
建筑设计顾问有限责任公司
陈挥

∷ 陈世民

∷ 日本奈良中国文化村方案

正确的透视关系，沉稳完美的构图，虚实结合、浓淡相宜的建筑与环境的表现将这幅铅笔效果图升华至艺术作品的高度。

绘图工具：铅笔、炭笔

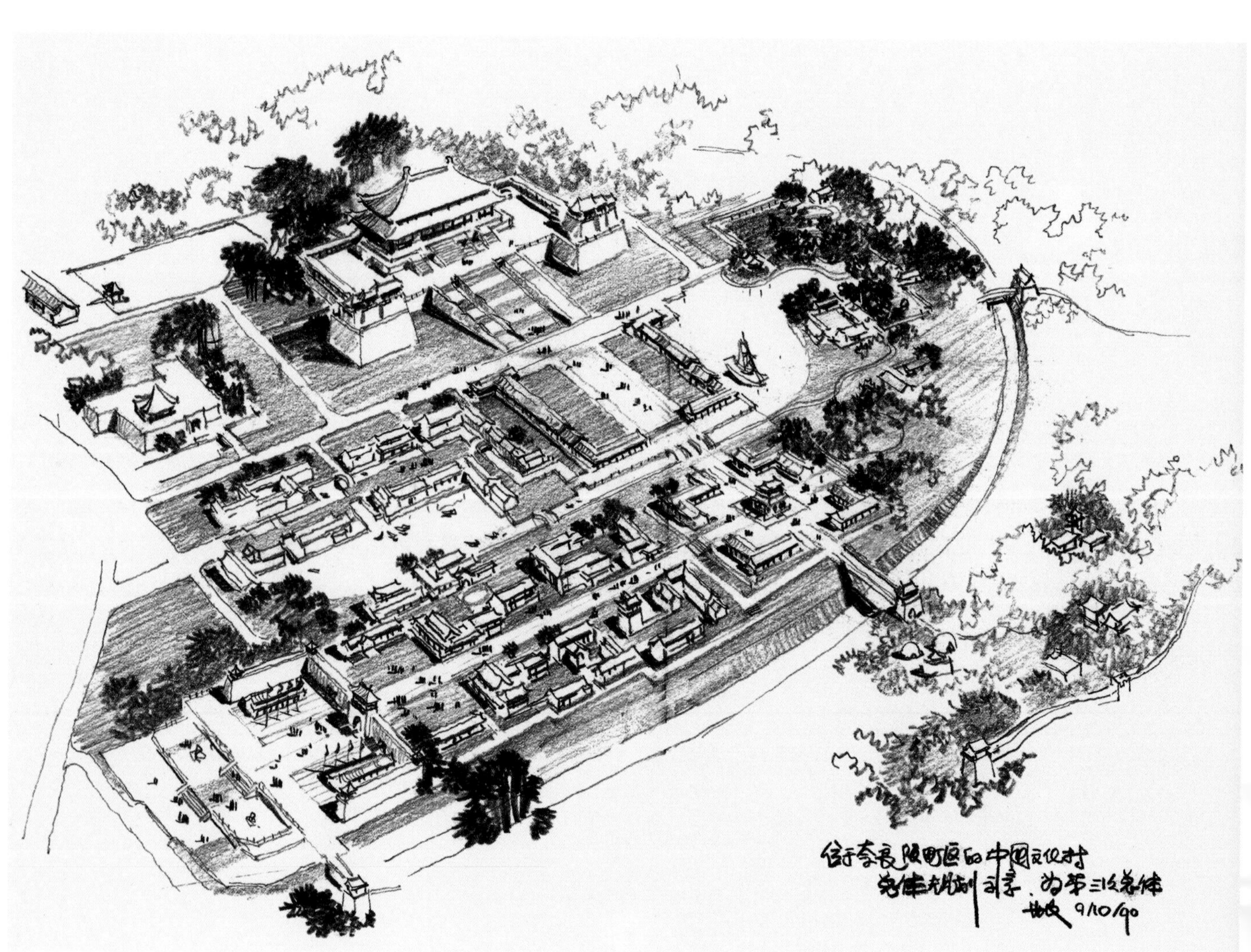

∷ 风景区规划设计

饱满的色彩、情趣盎然的表现如实地反映了设计者意图。前景中用地外建筑的虚化表现既突出了主题又填补了右下角的空白，在丰富了空间层次的同时，使构图变得更加饱满。

绘图工具：马克笔

∷ 陈跃中

:: 王小保

:: **枫林路**

钢笔绘制的设计草图，清晰地表达出人行地下通道的各种细节处理。

绘图工具：速写笔

∷ 枫林路

钢笔线条成功地表现出混凝土挡土墙的生态化处理、道路的景观植栽、休息广场与道路的关系、不同功能的道路铺装等。

绘图工具：速写笔

∷ 王小保

• 砼挡墙外饰粗放，注重装饰。

• 挡墙前设自然型花坛，利用竹 + 花境 + 爬藤形成生态墙。

利用拆迁用地改一小型雕塑休息广场，以缓解城市道路、人的紧张感。

:: 哈尔滨工业大学
陈英夫
指导教师：张伶伶 袁敬诚

:: 哈尔滨何家沟

弯曲流畅的人工湖堤岸隐喻两条戏水游龙，其抽象的形态、简洁的体量充满着力量感和时代感。

绘图工具：彩色铅笔

:: 哈尔滨工业大学
远洋
指导教师：张伶伶 袁敬诚

:: 哈尔滨何家沟

因地制宜地设置生态湿地区、禽鸟放养区、野生动物聚居区、乡土植被群落区，从而使整个区域恢复生态系统的良性循环。

绘图工具：马克笔、彩色铅笔

:: 哈尔滨何家沟

生长表现为向城市开放的系统。改造将不只局限于自身小环境的改良，更重要的是通过生态景观节点形成向周边区域自然生长的经脉。

绘图工具：马克笔、彩色铅笔

:: 哈尔滨工业大学

远洋

指导教师：张伶伶 袁敬诚

:: 上海现代建筑装饰环境设计研究院

管华东　赵超超　瞿华文　施皓

:: 华山医院浦东分院

景观与地下车库功能相结合，规整的成一定斜度的草坪，自然地形成一扇扇斜天窗，为地下车库提供采光，达到内外空间的交流，同时也是区域的标志景观。建筑前广场以竹林跌水为建筑对景，亲切自然。

绘图工具：彩色铅笔

华山医院浦东分院

区树阵广场：设计有效利用了本地块的天然资源——河水。高低两层平台和散步道，供人散步，休息，放松心情。

绘图工具：水彩

上海现代建筑装饰环境设计研究院

管华东　赵超超　瞿华文　施皓

:: 北京土人景观与建筑规划设计研究院

胡含宇

:: 北大附小

充满了童趣的表现方法，以卡通的方式描绘出孩子们在校园里愉快成长的种种活动。

绘图工具：水彩

∷ 中央党校综合教学楼

构图自然、重点突出、虚实得体，细部刻画准确，作者的这幅表现图堪称是学画铅笔草图的优秀范例。

绘图工具：铅笔、炭笔

∷ 陈世民

:: 杨彬

:: 北师大图书馆

大厅的设计虽然很丰富，但出于画面的表现效果考虑，大面积的色块赋予了暖色的吊顶，使之成为空间的统帅。

绘图工具：马克笔、彩色铅笔

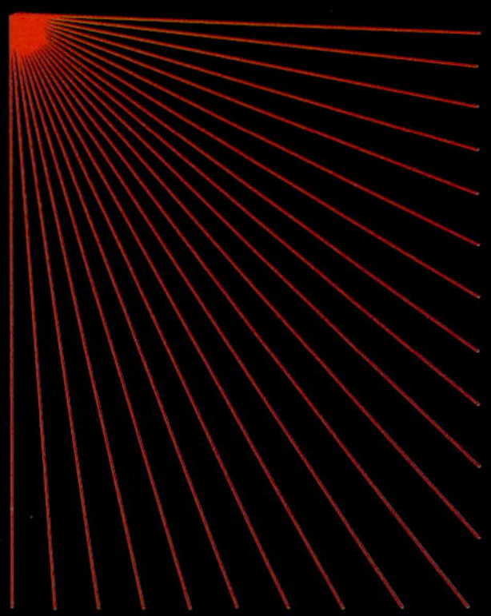

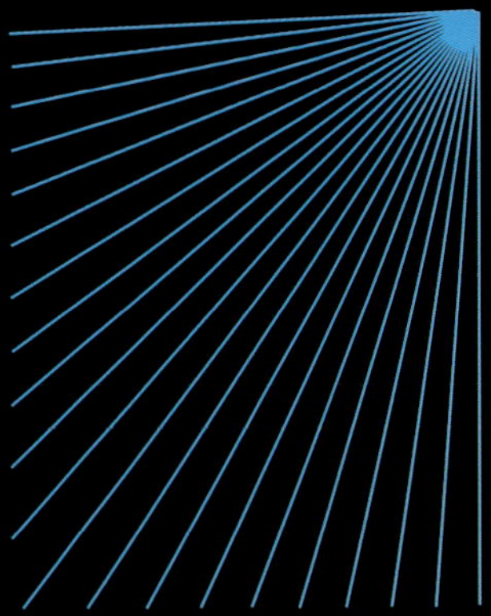

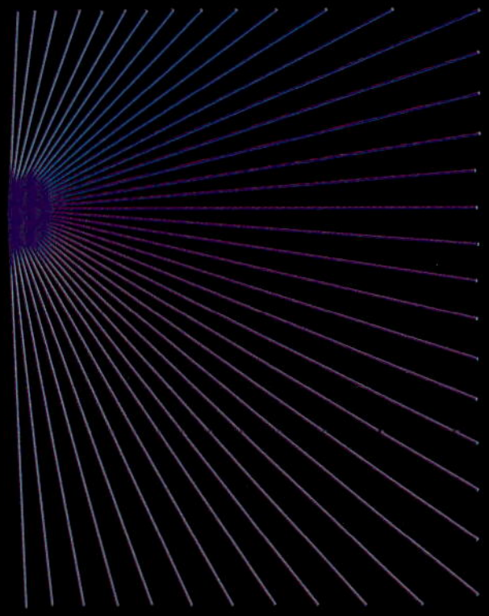

方亮文化

传播有限公司

北京方亮文化传播有限公司(以下简称方亮文化)是一家专业从事建设类（含景观、规划、建筑、室内、房地产等）书刊选题策划、联合出版和发行的大型文化企业。

方亮文化与中国建设部、中国建筑学会、中国建筑学会室内设计分会、国际装饰设计协会建立了深度的战略联盟关系。

凭籍高效的营运机制，方亮文化与中国建筑工业出版社、中国城市出版社、人民交通出版社、中国水利水电出版社等出版机构深度合作，策划出版了《室内细部系列丛书》、《名家设计手绘赏析》、《室内软装饰设计系列读本》、《城市规划快题设计辅导教程》、《设计元素》等一系列室内设计、建筑设计、景观设计的经典之作，受到业界的高度关注。

方亮文化拥有由国内10万设计师、专家组成的作者网络；由国内外一流设计事务所GMP、B+H、ho+k、Naco、EDAW、EDSA、美国道林、土人景观、金螳螂、集美组等组成的协作网络；由5万国内外建筑设计公司、景观设计公司、室内设计公司、房地产公司、建筑设计院组成的通联网络；由全国新华书店、建筑书店、外文书店、机场书店系统组成的辐盖全国50多个大中城市的书刊直销网络。

方亮文化有清华大学、北京工业大学、东南大学、天津大学、哈尔滨工业大学等我国著名的建筑类院校作为强大的学术支持。方亮文化成立以来，在方亮全体员工的共同努力下，已经迅速进入国内出版市场。

中国北京海淀区三里河路9号建设部南配楼217室

电话.86-010-5893-3130 传真.86-010-5893-3989

邮编.100835　E-mail.fangliangwenhua@126.com